TRAINING MATHEMATIK

Steffi Tarnowski

Bruchzahlen und Dezimalbrüche

Grundlagen und Aufgaben mit Lösungen

STARK

Bildnachweis:
S. 1: Fowler, *Plätzchen und andere Naschereien.* Könemann Verlag, Köln 1997; S. 2: Bernd Wiedemann, Gauting; S. 5: Miessmer, *Aromatisch und exotisch: die feine Früchteküche.* Falken Verlag, Niedernhausen 1993. (Dieses Buch ist nicht vergriffen); S. 8: Nassauer u. a., *Für Diabetiker.* Gräfe und Unzer Verlag, München 1990, (S. 102); S. 12: Renault; Constance Winter, Oberding; Heiligmann, *Die Pflanze.* Klett Verlag, Stuttgart 1967; S. 13: Constance Winter, Oberding; S. 21: Irmgard Schmatz, Stuttgart; S. 22: Bernd Wiedemann, Gauting; S. 24: Nassauer u. a., *Für Diabetiker.* Gräfe und Unzer Verlag, München 1990, (S. 102); *Kochbuch für Kinder.* Könemann Verlag, Köln 1997; S. 31: *Backen.* Gräfe und Unzer Verlag, München 1990 (S. 92); S. 35: Würmli, *Naturführer.* Vehling Verlag; S. 47: *Kochbuch für Kinder.* Könemann Verlag, Köln 1997; S. 53: *Biologie heute 2 GES.* Schroedel Verlag, Hannover 1989; S. 55: Bongarts Fotostudio, Hamburg; S. 61: Constance Winter, Oberding; S. 63: Audi, Ingolstadt; S. 67: Jonn Rübcke, Hamburg; S. 83: Heiderose und Andreas Fischer-Nagel, Spangenberg; S. 85: *Grundkochbuch.* VEBU-Verlag, Werl 1993; S. 92: Bernd Wiedemann, Gauting; S. 106: Wegler, *Zwergkaninchen.* Gräfe und Unzer Verlag, München 1986; (S. 38); S. 107: Nature and Science, Vaduz; S. 108: Nature and Science, Vaduz; S. 109: Bernd Wiedemann, Gauting.

Der Verlag hat sich bemüht, die Urheber der in diesem Buch abgedruckten Abbildungen ausfindig zu machen. Wo dies nicht gelungen ist, bitten wir diese, sich ggf. an den Verlag zu wenden.

ISBN 978-3-89449-398-1

D-85318 Freising · Postfach 1852 · Tel. (08161) 1790
Auflage 2007

Inhalt

Autorin: **Steffi Tarnowski**

Vorwort

Liebe Schülerin, lieber Schüler,

in diesem vor dir liegenden Trainingsband findest du die wichtigsten Regeln zum Bruchrechnen und kannst das Rechnen und Arbeiten mit **Bruchzahlen und Dezimalbrüchen** systematisch üben. Du weißt schon, dass die Bruchzahlen auch „gemeine Brüche" genannt werden. Dabei haben die Erfinder dieses Namens sicher nicht an „Gemeinheiten" gedacht.

Mithilfe dieses Buches kannst du deine Unsicherheit im Umgang mit Brüchen bewältigen. Dazu brauchst du nur die einzelnen Kapitel Schritt für Schritt durchzuarbeiten.

- Zuerst sind die theoretischen Grundlagen, also **Definitionen**, **Regeln** und Besonderheiten, zusammengestellt.
- Dann werden diese Grundlagen an vielen ausführlichen **Beispielen** angewandt und erläutert.
- Daran anschließend findest du zahlreiche motivierende **Aufgaben**, die du selbstständig durcharbeiten solltest.
- Die ausführlichen und schülergerechten **Lösungen** zu allen Aufgaben sind im letzten Kapitel angegeben.
- Zudem findest du noch ein Kapitel zu **Text-** und **Sachaufgaben**, mit dem du das systematische Lösen solcher Aufgaben erlernen kannst.

Ich wünsche dir nun viel Spaß und Erfolg beim Üben und hoffe, dass du in Zukunft weder Angst vor Brüchen noch vor Sachaufgaben hast.

Steffi Tarnowski

1 Gebrochene Zahlen im Alltag

Im täglichen Leben begegnen uns sehr häufig **Bruchzahlen** und **Dezimalbrüche**. Auch du hast schon viele Erfahrungen mit ihnen gemacht und kannst schon ein bisschen mit ihnen rechnen.

Beispiele

1. Du zahlst

für einen Schreibblock	1,59 €,
für einen anderen Block	1,99 €,
für einen Klebebandroller	1,20 €,
für einen Klebestift	1,15 €,
oder für eine Klammerschale	3,45 €.

2. Ein Rezept für Hefeteig zählt folgende Backzutaten auf:

$\frac{1}{2}$ kg Mehl
$\frac{1}{8}$ kg Butter
$\frac{1}{4}$ ℓ Milch
80 g Zucker
42 g Hefe
1 Prise Salz

3. Das Wasserbecken in Schmidts Garten ist $7\frac{1}{2}$ m lang, $4\frac{1}{2}$ m breit und 1,45 m tief. Wie viele Liter Wasser brauchen die Schmidts eigentlich, um das Becken zu füllen?

   Du kannst die Lösung schon einmal schätzen. Wenn du ungefähr 42 m^3 Wasser vermutest, hast du schon gut geschätzt. Zum Berechnen wirst du aber erst in Augabe 136 aufgefordert.

Bevor wir mit Brüchen rechnen können, müssen wir erst einmal wissen, was wir darunter verstehen. Zu den gebrochenen Zahlen gehören **Bruchzahlen** oder **gemeine Brüche** (z. B. $\frac{1}{2}, \frac{1}{4}, \frac{3}{8}, 1\frac{4}{7}$) und **Dezimalbrüche** (z. B. 1,2; 0,75; 12,47).
Doch wozu brauchen wir die gebrochenen Zahlen überhaupt?
Während wir im Zahlenbereich der natürlichen Zahlen $\mathbb{N}$ uneingeschränkt multiplizieren können, ist eine Division in den natürlichen Zahlen nicht immer ausführbar. Die Aufgabe 24 : 8 ist lösbar, da 8 ein Teiler von 24 ist ($8 \mid 24$). Als Lösung erhält man 3. Hingegen ist 5 kein Teiler von 24 ($5 \nmid 24$) und somit ist die Aufgabe 24 : 5 im Bereich der natürlichen Zahlen nicht lösbar.
Dass es aber Lösungen für solche Aufgaben geben muss, zeigt das folgende praktische Beispiel.

Beispiel

Für 24 € sollen 5 Preise für das Schulsportfest gekauft werden. Sie sollen alle den gleichen Wert besitzen.

Lösung
24 € : 5 = ?
2400 Cent : 5 = 480 Cent
480 Cent = 4,80 €
Jeder Preis soll den Wert 4,80 € haben.

Obwohl wir also in den natürlichen Zahlen 24 nicht durch 5 teilen können, hat die Aufgabe 24 : 5 doch eine Lösung. Es gilt:

$$24 : 5 = 4{,}80 = 4{,}8 \quad \text{(Dezimalbruch)}$$

$$\text{oder: } 24 : 5 = \frac{24}{5} = 4\frac{4}{5} \quad \text{(Bruchzahl)}$$

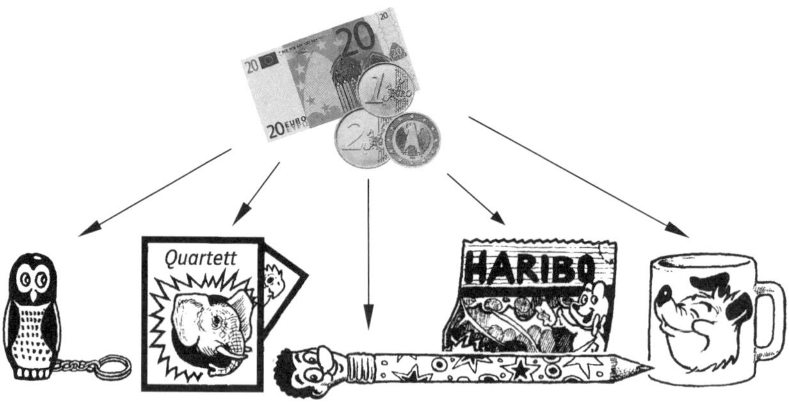

Da wir in den folgenden Kapiteln noch des Öfteren auf eine solche Division zurückgreifen werden, erinnern wir uns kurz an die Begriffe, die wir im Zusammenhang mit einer Divisionsaufgabe kennen. Es gilt:

a : b = c

Dividend : Divisor = Quotient

Aufgaben

1. Suche in eurem Haushalt nach Dingen, bei denen Brüche eine Rolle spielen.

2. Finde noch andere Maße und Maßeinheiten, die in Dezimalbrüchen oder Bruchzahlen angegeben werden können.

3. Du und zwei deiner Freunde teilen sich eine Pizza. Wie viel bekommt jeder, wenn ihr gerecht teilt?

Nachdem du nun einige Beispiele für Bruchzahlen aus deinem Alltag gefunden hast, willst du sicher erfahren, was Bruchzahlen und Dezimalbrüche nun genau sind und wie du mit ihnen rechnen kannst. All das erfährst du in den nächsten Kapiteln.

2 Bruchzahlen – Gemeine Brüche

2.1 Definition und Darstellung

Du weißt, was $\frac{3}{4}\,\ell$ Milch oder $\frac{1}{2}$ kg Äpfel sind und du weißt auch, wie viel eine halbe Melone ist. In der Mathematik muss man aber alle Begriffe, mit denen man arbeitet, sinnvoll und genau festlegen. Man nennt dies „definieren". Hier ist die erste Definition, in der beschrieben wird, was man unter einer Bruchzahl oder einem gemeinen Bruch versteht.

$\frac{3}{4}, \frac{5}{8}, \frac{6}{10}, \frac{17}{11}, \ldots$ werden **Bruchzahlen** oder **gemeine Brüche** genannt.

Allgemein:

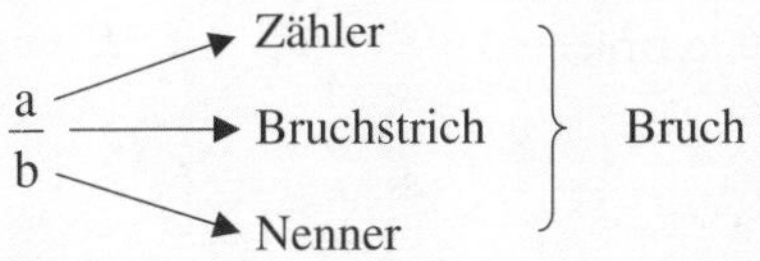

Der **Nenner** gibt an, in wie viele gleich große Teile das Ganze zerlegt wird.
Der **Zähler** gibt an, wie viele solcher Teile vorhanden sind.

Beispiel

Eine Tafel Schokolade wird in 24 gleiche Teile geteilt und du bekommst 2 Stücke davon. Du hast dann 2 von 24 Stückchen, also $\frac{2}{24}$ der ganzen Schokoladentafel.

Wie wir schon im vorherigen Kapitel festgestellt haben, können wir einen Bruch als **Ergebnis einer Division** verstehen. Damit erhält der **Bruchstrich** nun auch eine Bedeutung: er heißt so viel wie „**geteilt durch**".

Beispiel

$$24:5=\frac{24}{5}$$

oder allgemein: $a:b=\frac{a}{b}$

Man kann Brüche nach ihrem Wert bzw. nach der Größe von Zähler und Nenner unterscheiden: Brüche, bei denen der **Zähler kleiner ist als der Nenner**, heißen **echte Brüche**. Ihr Wert liegt zwischen 0 und 1. Brüche, deren Wert größer oder gleich 1 ist, heißen **unechte Brüche**. Bei ihnen ist der **Zähler gleich oder größer als der Nenner**.

Beispiele

$\frac{1}{2}, \frac{3}{4}, \frac{9}{11}, \ldots$ sind echte Brüche

$\frac{11}{9}, \frac{7}{3}, \frac{6}{2}, \frac{4}{4}, \ldots$ sind unechte Brüche

Aufgaben

4. Ordne nach echten und unechten Brüchen.

$\frac{3}{4}, \frac{4}{3}, \frac{7}{5}, \frac{3}{8}, 1\frac{1}{2}, \frac{8}{4}, \frac{9}{12}, \frac{24}{24}, \frac{326}{100}, \frac{798}{1000}$

5. Welche Werte kann x annehmen, damit ein echter Bruch vorliegt?

a) $\frac{x}{4}$

b) $\frac{x}{12}$

c) $\frac{x}{25}$

d) $\frac{5}{x}$

Einige unechte Brüche haben eine ganz besondere Eigenschaft: Man kann sie auch als **natürliche Zahl** schreiben. Sieh dir dazu zuerst die zwei Beispiele an.

Beispiele

1. $\frac{3}{3}=1$, weil $3:3=1$ ist
2. $\frac{18}{6}=3$, weil $18:6=3$ ist

Schon an diesen Beispielen kannst du erkennen, dass wir einen unechten Bruch immer dann als natürliche Zahl schreiben können, wenn der Zähler gleich dem Nenner oder ein Vielfaches des Nenners ist. Diese natürliche Zahl erhältst du, wenn du den Zähler durch den Nenner teilst. Sind Zähler und Nenner gleich, so beträgt der Wert des Bruches stets 1.
Umgekehrt können wir für eine gegebene natürliche Zahl aber viele Bruchzahlen angeben, die den Wert dieser natürlichen Zahl haben. Wir wählen einen Nenner und erhalten den Zähler als Produkt unserer natürlichen Zahl und des Nenners.

Beispiele

1. $1=\frac{2}{2}=\frac{3}{3}=\frac{4}{4}= \ldots =\frac{53}{53}= \ldots$
2. $4=\frac{4\cdot 2}{2}=\frac{8}{2}$ und $4=\frac{4\cdot 3}{3}=\frac{12}{3}$ ... und $4=\frac{4\cdot 53}{53}=\frac{212}{53}$ ...

Unechte Brüche, die sich nicht als natürliche Zahlen schreiben lassen, kann man auch als **gemischte Zahlen** schreiben. Diese gemischten Zahlen bestehen aus einer natürlichen Zahl und einem echten Bruch. Die natürliche Zahl gibt dabei die Anzahl der Ganzen an, die in dem unechten Bruch enthalten sind. Zwischen der natürlichen Zahl und dem echten Bruch schreibt man zwar kein Rechenzeichen, wenn du jedoch unsicher bist, kannst du dir dort ein „+“ denken. Verwechsle eine gemischte Zahl aber niemals mit einer Multiplikationsaufgabe.

Beispiele

$3\frac{1}{4}$, $2\frac{3}{7}$, und $1\frac{3}{5}$ sind gemischte Zahlen, wobei z. B. $3\frac{1}{4}$ stets $3+\frac{1}{4}$ heißt

Auf dem Bild siehst du $1\frac{3}{4}$ Töpfe mit dunkler Konfitüre und $\frac{1}{2}$ Topf helles Gelee.

Doch wie können wir einen unechten Bruch in eine gemischte Zahl umwandeln? Dazu denken wir daran zurück, dass ein Bruch ja die Lösung einer Divisionsaufgabe ist. Wenn wir zwei teilerfremde Zahlen in den natürlichen Zahlen dividieren, so erhalten wir als Ergebnis die Anzahl der Ganzen – unsere gesuchte natürliche Zahl – und einen Rest. Dieser Rest wird nun der Zähler des „noch übrigen" echten Bruches. Der Nenner dieses echten Bruches kann nur der Nenner unseres unechten Bruches sein. Das folgende Beispiel zeigt dir diese Überlegungen noch einmal ausführlich.

Beispiele

1. Wir wandeln $\frac{11}{9}$ in eine gemischte Zahl um. Dazu dividieren wir:
   $11 : 9 = 1$ Rest 2
   1 ist die gesuchte natürliche Zahl und 2 wird der Zähler des echten Bruches. Als Nenner behalten wir 9 bei. Fassen wir also zusammen:

   $\frac{11}{9} = 1\frac{2}{9}$, denn $11 : 9 = 1$ Rest 2

2. $\frac{7}{3} = 2\frac{1}{3}$, denn $7 : 3 = 2$ Rest 1

Wenn wir nun umgekehrt eine gemischte Zahl in einen unechten Bruch umwandeln wollen, gehen wir genau entgegengesetzt vor. Wir behalten also den Nenner des echten Bruches bei und überlegen uns, als wie viele solcher Bruchteile wir die Ganzen schreiben können. Zu dieser Zahl addieren wir noch den Zähler des echten Bruches hinzu und erhalten so den gesuchten Zähler des unechten Bruches. Auch hier verdeutlicht dir das folgende Beispiel noch einmal die Vorgehensweise.

Beispiele

1. Wir wollen $2\frac{3}{5}$ in einen unechten Bruch umwandeln.
   Wir behalten zunächst den Nenner 5 bei und überlegen uns, dass zwei Ganze genau zehn Fünftel sind. Dazu addieren wir noch 3:
   10 Fünftel + 3 Fünftel = 13 Fünftel
   Fassen wir also zusammen:
   $2\frac{3}{5} = \frac{13}{5}$, denn $2 \cdot 5 + 3 = 13$

2. $3\frac{4}{7} = \frac{25}{7}$, denn $3 \cdot 7 + 4 = 25$

Aufgaben

6. Welche der Brüche lassen sich als natürliche Zahl schreiben? Wandle diese Brüche in die natürliche Zahl um.

$\frac{12}{5}, \frac{10}{2}, \frac{51}{17}, \frac{54}{12}, \frac{23}{23}$

7. Gib für jede folgende Zahl jeweils 3 Bruchzahlen an: 2, 5, 6, 12, 25

8. Wandle in eine gemischte Zahl um.

$\frac{5}{4}, \frac{9}{2}, \frac{4}{3}, \frac{11}{4}, \frac{71}{7}, \frac{34}{12}, \frac{244}{100}, \frac{336}{10}$

9. Wandle in einen unechten Bruch um.

$1\frac{3}{4}, 2\frac{1}{5}, 7\frac{4}{9}, 3\frac{7}{11}, 5\frac{6}{7}, 12\frac{2}{3}, 9\frac{12}{13}, 3$

Wie aber können wir Bruchzahlen veranschaulichen und damit eine Vorstellung über den Wert oder die Größe eines Bruches gewinnen?

- Eine Möglichkeit ist die Darstellung der Bruchzahlen auf dem **Zahlenstrahl**, wie wir das schon von den natürlichen Zahlen her kennen. Dazu teilen wir zunächst die Einheitsstrecke zwischen 0 und 1 in so viele gleiche Teile, wie uns der Nenner des Bruches vorgibt. Anschließend zählen wir so viele solcher Teile ab, wie im Zähler stehen.
- Zur Veranschaulichung von Brüchen können wir aber auch **geometrische Figuren** verwenden. Hier gehen wir genauso vor: wir teilen die Figur in so viele gleiche Teile, wie im Nenner steht, und betrachten so viele Teile davon, wie uns der Zähler zeigt.

Beispiele

1. Um $\frac{1}{4}$ auf dem Zahlenstrahl darzustellen, teilen wir die Länge der Strecke von 0 bis 1 in 4 gleich lange Teile und messen von 0 aus ein solches Teil ab. Wollen wir $\frac{3}{2}$ veranschaulichen, teilen wir die Strecke von 0 bis 1 in 2 gleich große Teile und messen von 0 aus 3 solcher Teile ab.

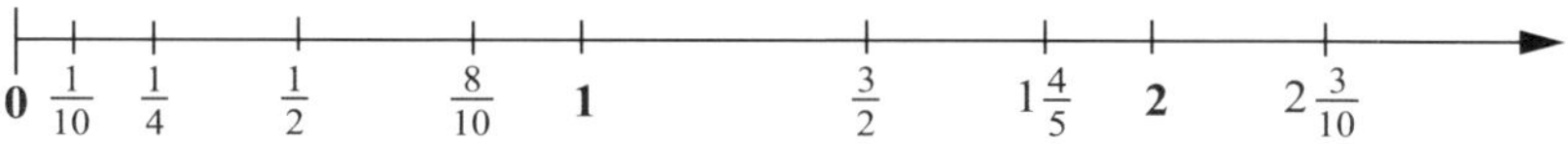

2. Bei der Veranschaulichung in geometrischen Figuren überlegen wir genauso. Wollen wir $\frac{4}{10}$ darstellen, unterteilen wir die Figur in 10 gleich große Teile und markieren 4 davon.

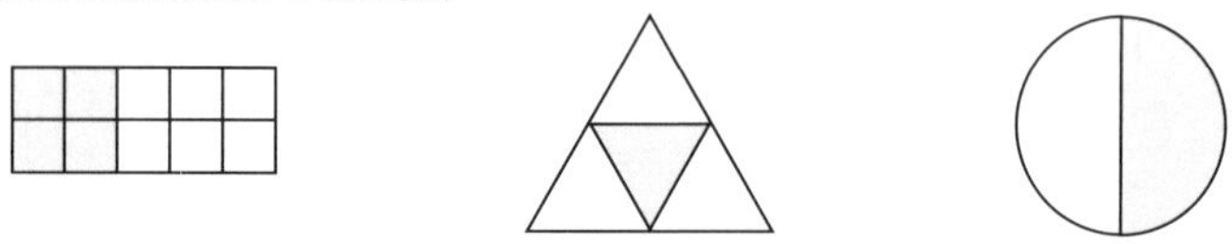

$\frac{4}{10}$ ← 4 Teile sind schraffiert; ← die Figur ist in 10 gleiche Teile geteilt

(4 von 10 Teilen)

$\frac{1}{4}$

(1 von 4 Teilen)

$\frac{1}{2}$

(1 von 2 Teilen oder die Hälfte)

Aufgaben

10. Kennzeichne folgende Brüche auf einem Zahlenstrahl.

a) Wähle als Maßstab für den Abstand der natürlichen Zahlen 0, 1, 2 und 3 je 5 cm.

$\frac{2}{10}$, $1\frac{1}{10}$, $\frac{3}{4}$, $\frac{4}{5}$, $2\frac{1}{2}$, $1\frac{1}{4}$

b) Wähle als Maßstab für den Abstand der natürlichen Zahlen 0 und 1 genau 12 cm.

$\frac{1}{2}$, $\frac{1}{3}$, $\frac{2}{3}$, $\frac{1}{6}$, $\frac{5}{6}$, $\frac{1}{12}$, $\frac{7}{12}$, $\frac{15}{24}$

c) Wähle selbst eine günstige Einheit des Zahlenstrahls.

$\frac{1}{4}$, $\frac{3}{8}$, $\frac{5}{8}$, $\frac{1}{2}$, $\frac{3}{16}$, $\frac{15}{16}$, $\frac{3}{4}$

11. Gib die Zahlen a, ..., g als Bruchzahlen an.

12. Welche Bruchteile sind grau schraffiert?

a)

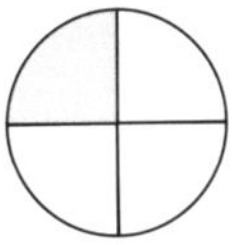

b)

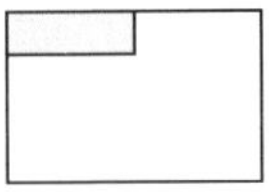

c)

d)

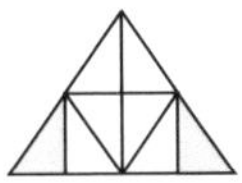

e)

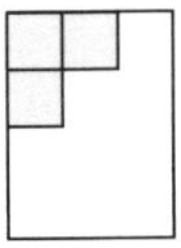

13. Kennzeichne die angegebenen Bruchteile farbig.

$\frac{1}{2}$

$\frac{15}{16}$

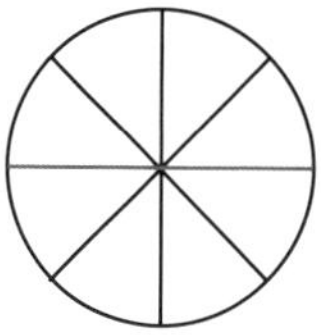

$\frac{5}{8}$

$\frac{8}{24}$

$\frac{3}{4}$

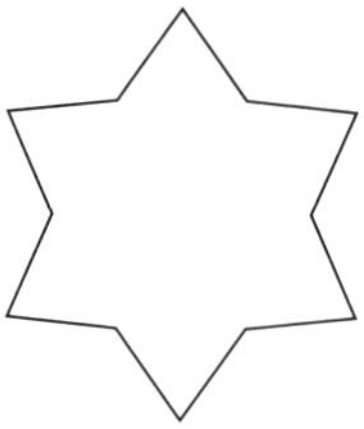

$\frac{2}{3}$

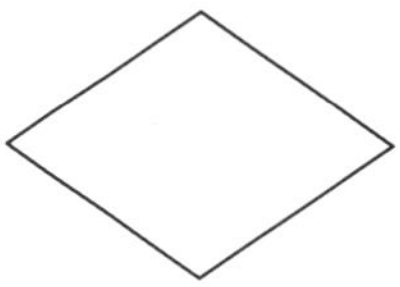

$\frac{2}{4}$

$\frac{4}{6}$

2.2 Erweitern und Kürzen von Bruchzahlen

Du weißt, dass du eine Apfelsine in etwa 11 annähernd gleich große Stücke aufteilen kannst, ohne dass der Obstanteil weniger oder mehr wird. Eine Apfelsine ist also genauso viel wie 11 Stückchen:
1 Apfelsine = $\frac{11}{11}$ Apfelsine

Auch wenn wir die Brüche $\frac{1}{2}$, $\frac{5}{10}$ und $\frac{7}{14}$ auf dem Zahlenstrahl einzeichnen, stellen wir fest, dass ihnen derselbe Punkt zugeordnet wird.

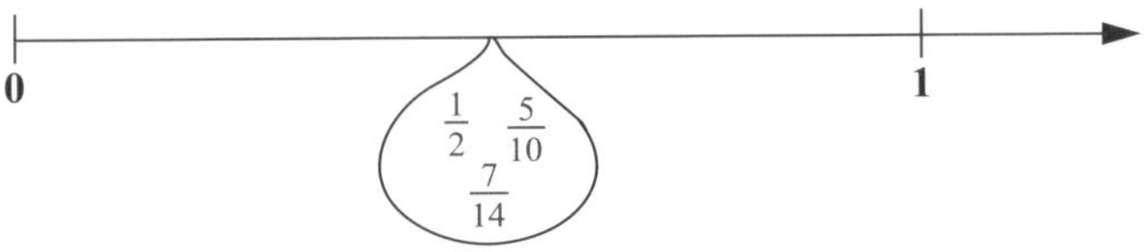

Auch wenn wir die Brüche mit einer geometrischen Figur veranschaulichen, sehen wir, dass jeweils genau dieselbe Fläche schraffiert ist.

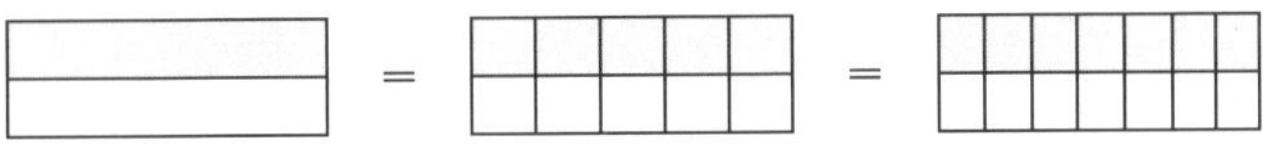

$\frac{1}{2}$ $\frac{5}{10}$ $\frac{7}{14}$

Diese drei Brüche haben denselben Wert. Man sagt auch, sie gehören einer **Klasse** an.
Wenn du die Brüche $\frac{1}{2}$, $\frac{5}{10}$ und $\frac{7}{14}$ genau betrachtest, kannst du eine Besonderheit feststellen: Im Bruch $\frac{5}{10}$ sind Zähler und Nenner jeweils das 5-fache, im Bruch $\frac{7}{14}$ jeweils das 7-fache vom Zähler bzw. Nenner des Bruches $\frac{1}{2}$.

$$\frac{1}{2} = \frac{1 \cdot 5}{2 \cdot 5} = \frac{5}{10} \quad \text{und} \quad \frac{1}{2} = \frac{1 \cdot 7}{2 \cdot 7} = \frac{7}{14}$$

Die Brüche $\frac{1}{2}$, $\frac{5}{10}$ und $\frac{7}{14}$ gehen durch Erweitern auseinander hervor.

Beim **Erweitern** eines Bruches werden Zähler und Nenner mit der gleichen Zahl (außer 0) multipliziert:

$$\frac{a}{b} = \frac{a \cdot n}{b \cdot n} \qquad (a, b, n \in \mathbb{N};\ b, n \neq 0)$$

Die Zahl n wird **Erweiterungsfaktor** genannt.

Das folgende erste Beispiel zeigt dir die Vorgehensweise beim Erweitern.
Eine gemischte Zahl können wir problemlos erweitern, indem wir sie zuvor in einen unechten Bruch umwandeln. Das ist zwar richtig, aber umständlich, denn eigentlich brauchen wir nur den echten Bruch betrachten. Das zweite Beispiel wird dir dies verdeutlichen.

Beispiele

1. $\frac{1}{2} \overset{\cdot 5}{=} \frac{1 \cdot 5}{2 \cdot 5} = \frac{5}{10}$

   $\left(\text{Sprechweise: } \frac{1}{2} \text{ erweitert mit 5 ist } \frac{5}{10}\right)$

2. Wir erweitern $1\frac{3}{4}$ mit 3:

   $1\frac{3}{4} = \frac{7}{4} = \frac{7 \cdot 3}{4 \cdot 3} = \frac{21}{12} = 1\frac{9}{12}$ oder $1\frac{3}{4} = 1\frac{3 \cdot 3}{4 \cdot 3} = 1\frac{9}{12}$

Aufgaben

14. Erweitere mit der angegebenen Zahl.

a) $\frac{6}{7}$ mit 4

b) $\frac{1}{2}$ mit 18

c) $1\frac{3}{4}$ mit 3

15. Erweitere nacheinander jeweils mit 2, 3, 10 und 25.

a) $\frac{3}{4}$

b) $\frac{6}{1}$

c) $\frac{8}{15}$

d) $\frac{5}{12}$

Wenn wir in den folgenden Kapiteln mit Bruchzahlen rechnen wollen, wird es oft nötig sein, einen Bruch auf einen anderen, schon vorgegebenen Nenner zu bringen. Wir müssen also den Erweiterungsfaktor selbst finden. Diesen bestimmen wir, indem wir die Zahl suchen, mit der wir den alten Nenner multiplizieren müssen, um den neuen Nenner zu erhalten. Anschließend brauchen wir nur noch den Zähler mit dieser Zahl multiplizieren und erhalten den neuen Bruch.
Analog gehen wir vor, wenn wir den Zähler des neuen Bruches vorgegeben haben und den Nenner selbst bestimmen müssen. Dabei vertauschen wir bei unseren vorherigen Überlegungen nur die Rolle von Zähler und Nenner. Sieh dir dazu die folgenden Beispiele an.

Beispiele

1. Wir wollen $\frac{2}{3}$ auf den Nenner 24 bringen, wir werden also die Zahl x bestimmen, sodass die folgende Gleichung gilt:

   $$\frac{2}{3} = \frac{x}{24}$$

   Wir müssen 3 mit 8 multiplizieren, um 24 zu erhalten. Der Erweiterungsfaktor ist also 8.

   $\frac{2}{3}^{\cdot 8} = \frac{16}{24}$, unsere gesuchte Zahl x ist 16.

2. Wir werden $\frac{1}{2}$ so erweitern, dass der neue Zähler 8 wird. Wir bestimmen also die Zahl x, sodass gilt:

   $$\frac{1}{2} = \frac{8}{x}$$

   Wenn wir 1 mit 8 multiplizieren, erhalten wir den neuen Zähler, also ist der Erweiterungsfaktor 8. Wenn wir nun noch den Nenner 2 mit dem Erweiterungsfaktor 8 multiplizieren, erhalten wir den neuen Nenner.

   $\frac{1}{2}^{\cdot 8} = \frac{8}{16}$, die gesuchte Zahl x ist 16.

Aufgaben

16. Erweitere folgende Brüche so, dass ihr Nenner 48 wird. Gib jeweils die Erweiterungszahl an.

a) $\frac{2}{3}$ b) $\frac{9}{12}$

c) $\frac{3}{2}$ d) $\frac{7}{4}$

e) $\frac{23}{24}$ f) $\frac{1}{36}$

17. Welche Brüche aus Aufgabe 16 lassen sich so erweitern, dass sie den Zähler 126 besitzen? Gib die erweiterten Brüche an.

18. Häufig muss man gemeine Brüche in Brüche umwandeln, die den Nenner 10 oder 100 oder 1 000 besitzen. Erweitere folgende Brüche so, dass solche Zehnerbrüche entstehen.

a) $\frac{3}{2}$ b) $\frac{5}{4}$

c) $\frac{2}{5}$ d) $\frac{17}{40}$

e) $\frac{9}{25}$ f) $\frac{7}{20}$

19. Entscheide, ob folgende Aussagen wahr oder falsch sind. Bestimme, falls möglich, die Erweiterungszahl.

a) $\frac{12}{7} = \frac{36}{21}$ b) $\frac{7}{9} = \frac{70}{90}$

c) $\frac{5}{8} = \frac{20}{28}$ d) $\frac{12}{13} = \frac{144}{169}$

e) $\frac{6}{11} = \frac{66}{121}$ f) $\frac{15}{16} = \frac{45}{64}$

Du weißt selbst, dass das Rechnen mit großen Zahlen schwieriger ist als mit kleinen. Wenn wir also große Ziffern in einem Bruch verkleinern könnten, ohne den Wert des Bruches zu verändern, lässt sich das Rechnen mit vielen großen Zahlen sicher oft vermeiden. Dazu müssen wir genau umgekehrt zum Erweitern vorgehen. Wie schon die Multiplikation von natürlichen Zahlen als Umkehroperation die Division hat, gibt es auch zum Erweitern eine Umkehroperation: das **Kürzen**.

Beim **Kürzen** eines Bruches werden Zähler und Nenner durch die gleiche Zahl (außer 0) dividiert:

$$\frac{a}{b} = \frac{a:n}{b:n} \qquad (a, b, n \in \mathbb{N}; b, n \neq 0)$$

Die Zahl n wird **Kürzungszahl** genannt.

Wir können einen Bruch also mit allen Zahlen kürzen, die sowohl Teiler des Nenners als auch des Zählers sind.
Man kürzt einen Bruch **vollständig**, indem man ihn mit dem größten gemeinsamen Teiler von Zähler und Nenner kürzt. Dabei musst du nicht unbedingt gleich mit dem größten gemeinsamen Teiler kürzen, sondern du kannst auch nacheinander mit mehreren kleineren Teilern kürzen.

Beispiele

1. $\frac{25}{50}^{:5} = \frac{25:5}{50:5} = \frac{5}{10}$

   (Sprechweise: $\frac{25}{50}$ gekürzt mit 5 ist $\frac{5}{10}$)

2. $\frac{7}{14}^{:7} = \frac{7:7}{14:7} = \frac{1}{2}$

3. $\frac{12}{18}^{:6} = \frac{12:6}{18:6} = \frac{2}{3}$ oder $\frac{12}{18}^{:2} = \frac{12:2}{18:2} = \frac{6}{9}^{:3} = \frac{2}{3}$

Damit wir etwas Schreibaufwand sparen, vereinbaren wir zwei Abkürzungen:
- Wir nennen den größten gemeinsamen Teiler kurz ggT.
- Wir verwenden eine Kurzschreibweise für das Kürzen:

$$\frac{\not{14}^{\,2}}{\not{21}_{\,3}} = \frac{2}{3}$$

Aufgaben

20. Kürze die Brüche jeweils mit 2, 3 und 6.

a) $\frac{6}{12}$ b) $\frac{12}{18}$

c) $\frac{18}{24}$ d) $\frac{12}{30}$

e) $\frac{6}{54}$ f) $\frac{48}{12}$

21. Kürze so weit wie möglich und gib die Kürzungszahl an.

a) $\frac{6}{18}$ b) $\frac{11}{33}$

c) $\frac{18}{12}$ d) $\frac{60}{144}$

e) $\frac{16}{20}$ f) $\frac{40}{60}$

22. Entscheide, ob folgende Aussagen wahr oder falsch sind. Bestimme, falls möglich, die Kürzungszahl.

a) $\frac{50}{32} = \frac{26}{16}$ b) $\frac{40}{36} = \frac{10}{9}$

c) $\frac{49}{64} = \frac{7}{8}$ d) $\frac{120}{90} = \frac{12}{9}$

e) $\frac{21}{56} = \frac{7}{8}$ f) $\frac{25}{60} = \frac{5}{12}$

Wie aber können wir eine **gemischte Zahl kürzen**?
Um eine solche Zahl zu kürzen, können wir wie schon beim Erweitern die gemischte Zahl in einen unechten Bruch umwandeln und dann kürzen. Wir können aber auch wieder den kurzen Weg wählen und nur den echten Bruch bearbeiten. Dabei musst du aber wieder daran denken, dass sich die natürliche Zahl nicht ändert.

Du kannst auch einen Bruch, der in Zähler und Nenner aus mehreren Faktoren besteht, wie einen ganz gewöhnlichen Bruch kürzen. Auch hierbei ist es wichtig, dass du stets im Zähler und im Nenner durch dieselbe Zahl dividierst.

Beispiele

1. $2\frac{14}{28} = \frac{70}{28}^{:14} = \frac{70:14}{28:14} = \frac{5}{2} = 2\frac{1}{2}$ oder $2\frac{14}{28}^{:14} = 2\frac{14:14}{28:14} = 2\frac{1}{2}$

2. $\frac{{}^{1}\cancel{17} \cdot \cancel{9}^{3} \cdot 2}{{}_{3}\cancel{51} \cdot \cancel{3}_{1}} = \frac{6}{3} = 2$

   Wir kürzen 17 und 51 mit 17, 9 und 3 kürzen wir mit 3. Dann können wir den unechten Bruch sogar in eine natürliche Zahl umwandeln.

3. $\frac{{}^{5}\cancel{25} \cdot \cancel{12}^{3}}{{}_{2}\cancel{8} \cdot \cancel{15}_{3}} = \frac{5 \cdot \cancel{3}^{1}}{2 \cdot \cancel{3}_{1}} = \frac{5}{2}$

   Du kannst also auch „über Kreuz" kürzen. Hier kürzen wir zuerst 25 und 15 mit 5 und 12 und 8 mit 4. Dann kürzen wir noch einmal mit 3.

Aufgaben

23. Kürze so weit wie möglich und wandle in einen unechten Bruch um.

a) $1\frac{4}{16}$ b) $3\frac{9}{27}$

c) $6\frac{12}{18}$

24. Kürze so weit wie möglich.

a) $\frac{16}{12}$ b) $\frac{70}{105}$

c) $\frac{36}{11}$ d) $\frac{7 \cdot 80}{8 \cdot 70}$

e) $\frac{4 \cdot 6 \cdot 25}{8 \cdot 3 \cdot 75}$ f) $\frac{8 \cdot 12 \cdot 450}{45 \cdot 24 \cdot 32}$

Nun können wir auch Aufgaben lösen, in denen wir erweitern und kürzen müssen. Achte bei solchen Rechnungen aber immer darauf, dass du **stets nacheinander** – und niemals in einem Rechenschritt – **kürzt oder erweiterst**.

Beispiel

Wir werden $\frac{6}{8}$ auf den Nenner 12 erweitern. Wir bestimmen also eine Zahl x, für die die folgende Gleichung gilt:

$$\frac{6}{8} = \frac{x}{12}$$

Wir kürzen dazu erst mit 2 und erweitern dann mit 3.

$\frac{6}{8}^{:2} = \frac{3}{4}^{\cdot 3} = \frac{9}{12}$, die gesuchte Zahl x ist also 9.

Aufgaben

25. Bestimme x.

a) $\frac{10}{30} = \frac{1}{x}$

b) $\frac{16}{64} = \frac{x}{8}$

c) $\frac{1}{x} = \frac{6}{18}$

d) $\frac{0}{4} = \frac{x}{12}$

e) $\frac{x}{12} = \frac{35}{60}$

f) $\frac{0}{4} = \frac{0}{x}$

g) $\frac{6}{18} = \frac{x}{51}$

h) $\frac{20}{25} = \frac{24}{x}$

26. Welche der fünf jeweils angegebenen Brüche stellen ein und dieselbe gebrochene Zahl dar?

a) $\frac{3}{4}, \frac{12}{16}, \frac{4}{8}, \frac{12}{15}, \frac{36}{48}$

b) $\frac{3}{6}, \frac{6}{3}, \frac{14}{28}, \frac{36}{72}, \frac{1}{2}$

c) $\frac{4}{10}, \frac{5}{11}, \frac{2}{5}, \frac{20}{50}, \frac{10}{25}$

d) $\frac{6}{14}, \frac{8}{16}, \frac{9}{21}, \frac{3}{7}, \frac{5}{35}$

27. Kürze vollständig. Suche zu jedem Ergebnis den passenden Buchstaben und trage ihn in das Lösungsfeld ein.

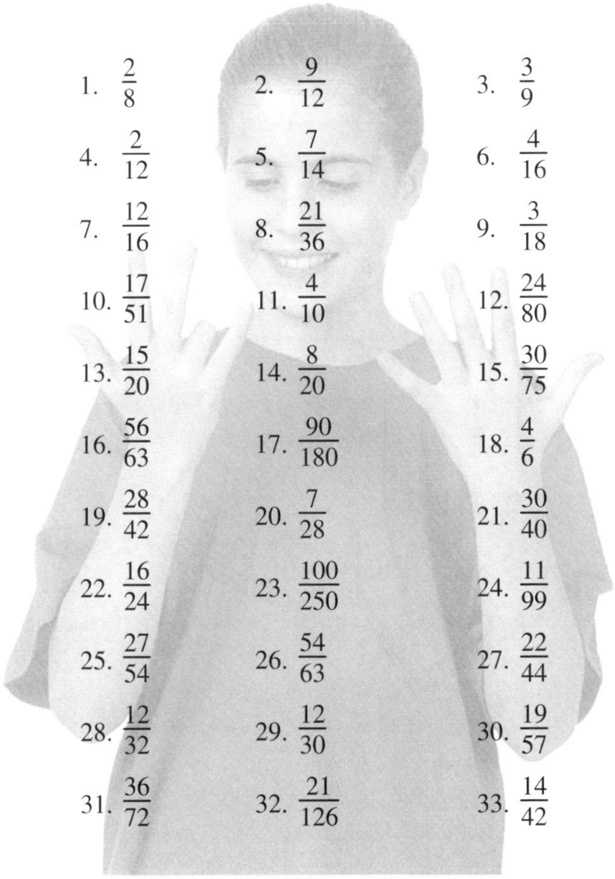

1. $\frac{2}{8}$ 2. $\frac{9}{12}$ 3. $\frac{3}{9}$

4. $\frac{2}{12}$ 5. $\frac{7}{14}$ 6. $\frac{4}{16}$

7. $\frac{12}{16}$ 8. $\frac{21}{36}$ 9. $\frac{3}{18}$

10. $\frac{17}{51}$ 11. $\frac{4}{10}$ 12. $\frac{24}{80}$

13. $\frac{15}{20}$ 14. $\frac{8}{20}$ 15. $\frac{30}{75}$

16. $\frac{56}{63}$ 17. $\frac{90}{180}$ 18. $\frac{4}{6}$

19. $\frac{28}{42}$ 20. $\frac{7}{28}$ 21. $\frac{30}{40}$

22. $\frac{16}{24}$ 23. $\frac{100}{250}$ 24. $\frac{11}{99}$

25. $\frac{27}{54}$ 26. $\frac{54}{63}$ 27. $\frac{22}{44}$

28. $\frac{12}{32}$ 29. $\frac{12}{30}$ 30. $\frac{19}{57}$

31. $\frac{36}{72}$ 32. $\frac{21}{126}$ 33. $\frac{14}{42}$

$\frac{3}{4}$	A
$\frac{1}{2}$	E
$\frac{3}{10}$	P
$\frac{1}{6}$	H
$\frac{1}{4}$	M
$\frac{1}{9}$	I
$\frac{3}{8}$	R
$\frac{7}{12}$	C
$\frac{8}{9}$	W
$\frac{2}{3}$	N
$\frac{1}{3}$	T
$\frac{2}{5}$	S
$\frac{6}{7}$	V

Lösungsfeld:

28. Setze die Dominosteine in richtiger Reihenfolge aneinander.

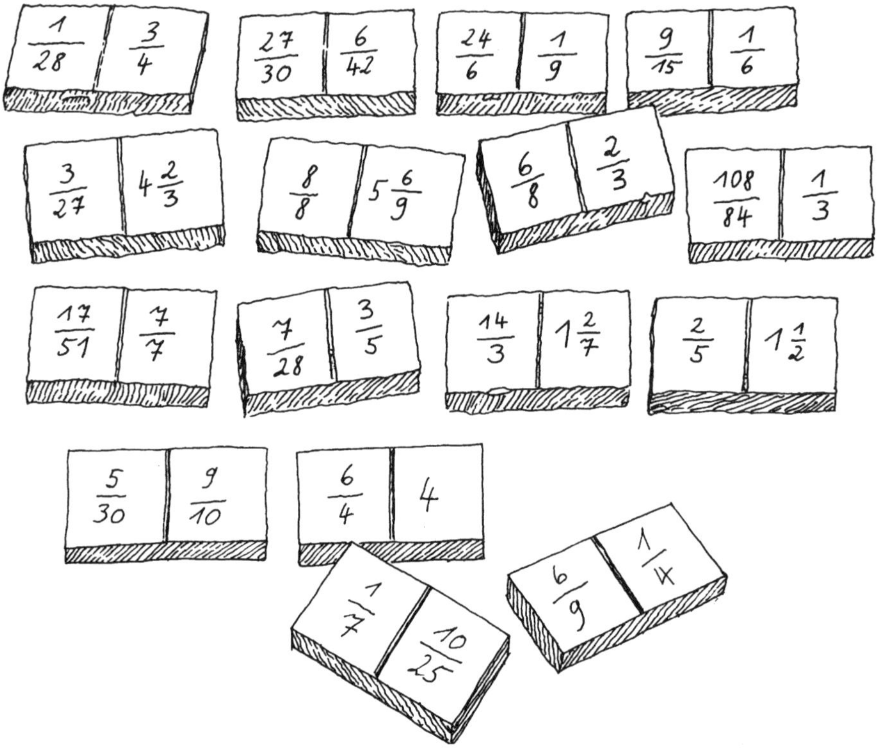

Beginne so:

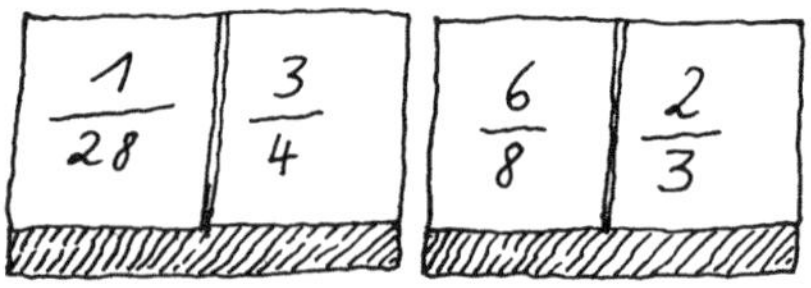

Denn: $\frac{3}{4} = \frac{6}{8}$

29. Entscheide, ob die Aussagen in den Kästchen wahr oder falsch sind. Folge dem entsprechenden Pfeil, beginne bei „Start“ und trage die Lösungsbuchstaben in die unteren Kästchen ein.

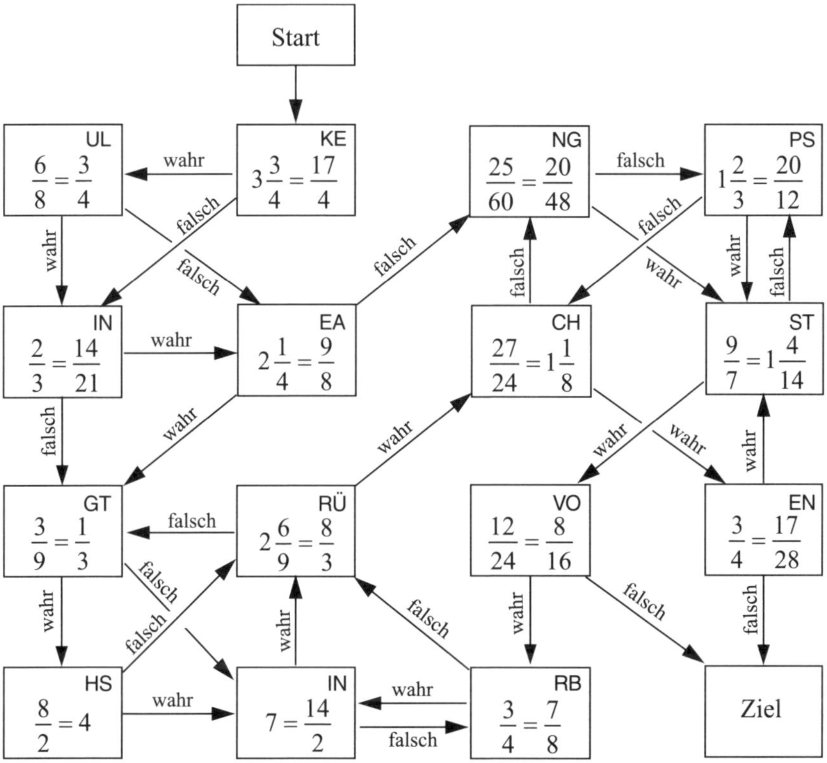

																							!

2.3 Vergleichen und Ordnen von Bruchzahlen

Aus deiner Erfahrung und von der Veranschaulichung von Brüchen auf dem Zahlenstrahl weißt du, dass z. B. $\frac{1}{2}$ kleiner ist als $\frac{3}{4}$.

<

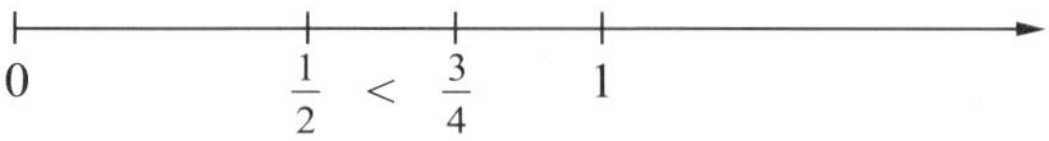

Natürlich gilt auch für Brüche:

Diejenige Bruchzahl, die auf dem Zahlenstrahl weiter rechts liegt, ist größer.

Aber wie ist es möglich, auch kompliziertere Brüche ohne ihre Darstellung auf dem Zahlenstrahl zu vergleichen? Für einige Sonderfälle ist dies einfach. Sehen wir uns zuerst Brüche mit gleichem Zähler bzw. gleichem Nenner an.

Beispiele

1. $\frac{3}{4} > \frac{3}{9}$

   Ein Viertel ist größer als ein Neuntel, drei Viertel sind also auch mehr als drei Neuntel.

2. $\frac{3}{9} < \frac{7}{9}$

   Wir vergleichen jeweils gleiche Bruchteile (Neuntel). Drei solcher Teile sind weniger als sieben solcher Teile.

Fassen wir unsere Überlegungen zum Vergleichen zweier Brüche mit der folgenden Merkregel zusammen:

Bei Brüchen mit **gleichen Zählern** ist derjenige Bruch größer, der den kleineren Nenner besitzt.

$$\frac{a}{b} > \frac{a}{c}\text{, falls } b < c \text{ ist, bzw. } \frac{a}{b} < \frac{a}{c}\text{, falls } b > c \text{ ist } (b, c \neq 0).$$

Bei Brüchen mit **gleichen Nennern** ist derjenige Bruch größer, der den größeren Zähler besitzt.

$$\frac{a}{b} > \frac{c}{b}\text{, wenn } a > c \text{ ist, bzw. } \frac{a}{b} < \frac{c}{b}\text{, wenn } a < c \text{ ist } (b \neq 0).$$

Aufgaben

30. Vergleiche folgende Brüche und gib jeweils die Begründung an.

a) $\frac{4}{5}$ und $\frac{4}{8}$

b) $\frac{3}{7}$ und $\frac{3}{5}$

c) $\frac{6}{7}$ und $\frac{16}{7}$

d) $\frac{4}{8}$ und $\frac{1}{8}$

31. Ordne der Größe nach, beginne mit dem kleinsten Bruch.

a) $\frac{7}{4}, \frac{7}{2}, \frac{7}{9}, \frac{7}{24}, \frac{7}{3}, \frac{7}{11}$

b) $\frac{2}{13}, \frac{9}{13}, \frac{25}{13}, \frac{17}{13}, \frac{1}{13}, \frac{6}{13}$

Oft kannst du aber auch andere Brüche leicht vergleichen, wenn du ihre Größe ungefähr abschätzen kannst. Die nächsten Beispiele zeigen dir solche Überlegungen.

Beispiele

1. $\frac{7}{6} > \frac{2}{3}$

   $\frac{7}{6}$ ist ein unechter Bruch und größer als 1. $\frac{2}{3}$ ist dagegen ein echter Bruch und somit kleiner als 1.

2. $\frac{4}{3} < \frac{13}{6}$

   $\frac{4}{3} = 1\frac{1}{3}$, also größer als 1, aber kleiner als 2. $\frac{13}{6} = 2\frac{1}{6}$ ist größer als 2.

3. $\frac{1}{2} = \frac{9}{18}$

   Wenn wir $\frac{1}{2}$ mit 9 erweitern, erhalten wir genau $\frac{9}{18}$.

Das letzte Beispiel erinnert uns an das Erweitern und Kürzen von Brüchen. Dadurch wird der Wert des Bruches nicht verändert, wir können damit aber Zähler und Nenner verändern. Dies hilft uns nun beim Vergleichen von Brüchen. Durch Erweitern oder Kürzen können wir ja zwei Brüche auf den gleichen Nenner oder Zähler bringen. Dann vergleichen wir diese beiden Brüche nach der uns schon bekannten Regel.

Wir treffen zunächst eine Vereinbarung:

Brüche mit unterschiedlichen Nennern heißen **ungleichnamige** Brüche, Brüche mit gleichen Nennern heißen **gleichnamig** oder **nennergleich**.
Durch Erweitern oder Kürzen werden Brüche gleichnamig gemacht. Das kleinste gemeinsame Vielfache (kgV) der Nenner ist der kleinste gemeinsame Nenner oder **Hauptnenner** (HN).

Zum Vergleichen ist es zunächst egal, ob du die Brüche auf gleiche Nenner oder Zähler bringst. Da wir aber auch bald mit Brüchen rechnen wollen, ist es sinnvoller, wenn wir gleiche Nenner herstellen. Daher formulieren wir eine Regel zum Vergleichen zweier beliebiger Brüche:

Zwei beliebige Brüche werden verglichen, indem man sie zunächst **gleichnamig macht** und anschließend vergleicht.

Beispiele

1. Wir vergleichen $\frac{5}{6}$ und $\frac{7}{9}$.

   Das kgV von 6 und 9, also der Hauptnenner, ist 18.
   Wir machen die Brüche gleichnamig (Nenner 18) und vergleichen dann.

   $\frac{5}{6}^{\cdot 3} = \frac{15}{18}$ und $\frac{7}{9}^{\cdot 2} = \frac{14}{18}$

   $\frac{15}{18} > \frac{14}{18}$, also $\frac{5}{6} > \frac{7}{9}$.

2. Wir vergleichen $\frac{2}{3}$ und $\frac{10}{12}$.

   Wir erweitern beide Brüche auf den Nenner 12 und vergleichen dann.

   $\frac{2}{3}^{\cdot 4} = \frac{8}{12}$

   $\frac{8}{12} < \frac{10}{12}$, also $\frac{2}{3} < \frac{10}{12}$.

   Um die Zahlen aber möglichst klein zu halten, ist es besser, wenn wir anstelle der 12 den Hauptnenner 6 wählen und beide Brüche auf den Nenner 6 kürzen bzw. erweitern.

   $\frac{10}{12}^{:2} = \frac{5}{6}$ und $\frac{2}{3}^{\cdot 2} = \frac{4}{6}$

   $\frac{4}{6} < \frac{5}{6}$, also $\frac{2}{3} < \frac{10}{12}$.

3. Wir ordnen die Zahlen $\frac{1}{2}, \frac{1}{4}, \frac{2}{9}, \frac{5}{6}$ und $1\frac{2}{3}$.

   Wir gehen hier genauso wie beim Vergleichen zweier Brüche vor: wir erweitern alle Brüche auf den Hauptnenner 36 und ordnen dann.

   $\frac{1}{2}^{\cdot 18} = \frac{18}{36}$, $\frac{1}{4}^{\cdot 9} = \frac{9}{36}$, $\frac{2}{9}^{\cdot 4} = \frac{8}{36}$, $\frac{5}{6}^{\cdot 6} = \frac{30}{36}$, $1\frac{2}{3}^{\cdot 12} = 1\frac{24}{36}$

   $\frac{8}{36} < \frac{9}{36} < \frac{18}{36} < \frac{30}{36} < 1\frac{24}{36}$, also nach dem Kürzen $\frac{2}{9} < \frac{1}{4} < \frac{1}{2} < \frac{5}{6} < 1\frac{2}{3}$

Aufgaben

32. Mache folgende Brüche gleichnamig.

a) $\frac{2}{5}$ und $\frac{3}{15}$

b) $\frac{3}{8}$ und $\frac{5}{6}$

c) $\frac{1}{9}$ und $\frac{2}{7}$

d) $\frac{3}{5}$ und $\frac{3}{4}$

e) $\frac{5}{12}$ und $\frac{1}{8}$

f) $\frac{8}{24}$ und $\frac{1}{16}$

33. Vergleiche.

a) $\frac{7}{6}$ und $\frac{14}{12}$

b) $\frac{4}{3}$ und $\frac{7}{9}$

c) $\frac{7}{3}$ und $2\frac{1}{4}$

d) $\frac{9}{5}$ und $\frac{11}{8}$

e) $2\frac{11}{12}$ und $2\frac{8}{9}$

f) $\frac{7}{30}$ und $\frac{21}{90}$

34. Ordne, beginne mit der kleinsten Zahl.

a) $\frac{5}{8}, \frac{3}{4}, \frac{20}{16}, \frac{3}{2}, \frac{3}{8}, \frac{1}{4}, \frac{3}{16}$

b) $\frac{4}{5}, \frac{19}{9}, \frac{7}{3}, \frac{2}{15}, \frac{8}{5}, \frac{1}{3}$

c) $\frac{1}{8}, \frac{3}{7}, \frac{3}{8}, \frac{5}{4}, \frac{5}{7}, \frac{3}{3}, \frac{3}{4}$

Du weißt, dass jede natürliche Zahl einen Nachfolger hat, z. B. hat die 16 als Nachfolger die 17. Dazwischen gibt es aber keine weitere natürliche Zahl. Im Bereich der gebrochenen Zahlen können wir nicht von einem Nachfolger sprechen.
Wir könnten zwar vermuten, dass der Nachfolger von $\frac{4}{10}$ die Zahl $\frac{5}{10}$ ist, aber dies ist nicht richtig, denn zwischen den Brüchen $\frac{4}{10}$ und $\frac{5}{10}$ kannst du beliebig viele weitere Brüche finden:

$$\frac{4}{10}^{\cdot 10} = \frac{40}{100} \text{ und } \frac{5}{10}^{\cdot 10} = \frac{50}{100}$$

$$\frac{4}{10} = \frac{40}{100} < \underbrace{\frac{41}{100} < \frac{42}{100} < \ldots < \frac{49}{100}} < \frac{50}{100} = \frac{5}{10}$$

$\frac{41}{100}, \frac{42}{100}, \ldots \frac{49}{100}$ sind schon 9 Brüche, die zwischen $\frac{4}{10}$ und $\frac{5}{10}$ liegen. Erweiterst du mit noch größeren Zahlen, findest du noch mehr Brüche zwischen $\frac{4}{10}$ und $\frac{5}{10}$.

Zu einem Bruch gibt es **weder Vorgänger noch Nachfolger**. Zwischen zwei verschiedenen Bruchzahlen liegen unendlich viele weitere Bruchzahlen.

Aufgaben

35. Gib je 3 Brüche an, die zwischen den angegebenen liegen.

a) $\frac{3}{5}$ und $\frac{8}{5}$

b) $\frac{3}{5}$ und $\frac{4}{5}$

c) $\frac{7}{8}$ und 1

d) $\frac{3}{4}$ und $\frac{7}{8}$

e) $\frac{3}{5}$ und $\frac{5}{3}$

f) $\frac{4}{7}$ und $\frac{3}{4}$

36. Für welche natürlichen Zahlen n entsteht eine wahre Aussage?

a) $\frac{2}{5} < \frac{n}{5} < \frac{7}{5}$

b) $\frac{4}{9} < \frac{n}{9} < 1$

c) $\frac{4}{7} < \frac{n}{3} < \frac{5}{8}$

d) $\frac{3}{5} < \frac{4}{n} < \frac{5}{3}$ $(n \neq 0)$

e) $\frac{9}{11} < \frac{n}{2} < \frac{8}{9}$

f) $\frac{4}{7} < \frac{5}{n} < \frac{3}{4}$ $(n \neq 0)$

37. Jens behauptet: Wenn ich zwei Brüche vergleichen soll, brauche ich sie nicht gleichnamig zu machen. Ich rechne z. B. bei:

$$\frac{3}{7} \text{ und } \frac{4}{8}: \quad 3 \cdot 8 = 24 \text{ und } 4 \cdot 7 = 28$$

$$24 < 28, \text{ also } \frac{3}{7} < \frac{4}{8}$$

Jens multipliziert also nur den 1. Zähler mit dem 2. Nenner und den 2. Zähler mit dem 1. Nenner.
Suche dir selbst Beispiele und prüfe die Methode von Jens damit. Ist es nur Zufall, dass der Vergleich stimmt oder steckt eine schlaue Überlegung hinter der Methode von Jens. Versuche, dies herauszufinden.

2.4 Addition und Subtraktion von Bruchzahlen

Grit bekam zu ihrem Geburtstag eine leckere Torte geschenkt. Am 1. Tag hat sie zusammen mit ihren Gästen die Hälfte gegessen, am 2. Tag wurde ein Viertel der Torte gegessen und am 3. Tag ein Sechstel. Blieb für den 4. Tag noch etwas übrig?
Um die Aufgabe zu lösen, müssen wir folgende Rechnung durchführen:

$$\frac{1}{2}+\frac{1}{4}+\frac{1}{6}=?$$

und dann vergleichen wir, ob dieser Teil kleiner als 1 ist.

Zuerst helfen wir uns, indem wir das Problem veranschaulichen. Nun erkennst du, dass für den 4. Tag noch ein kleiner Rest übrigbleibt.

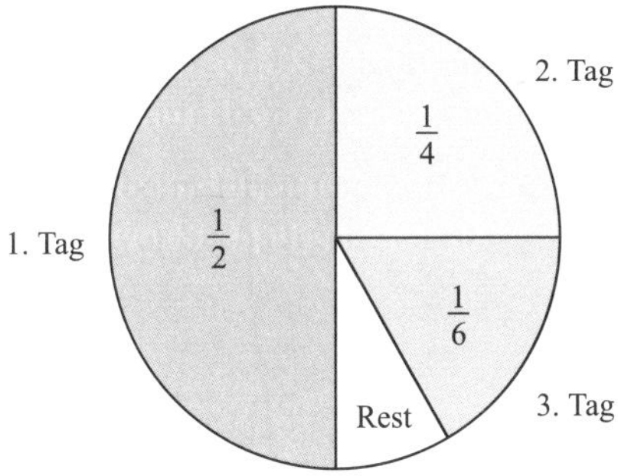

Wie können wir das Problem aber rechnerisch lösen?
Eine Torte wird meist in 12 gleiche Teile geschnitten. Jedes Teil stellt dann $\frac{1}{12}$ der Torte dar. So können wir einfach rechnen:

$$\frac{1}{2}^{\cdot 6}=\frac{6}{12},\quad \frac{1}{4}^{\cdot 3}=\frac{3}{12},\quad \frac{1}{6}^{\cdot 2}=\frac{2}{12}$$

$$\frac{1}{2}+\frac{1}{4}+\frac{1}{6}=\frac{6}{12}+\frac{3}{12}+\frac{2}{12}=\frac{6+3+2}{12}=\frac{11}{12}$$

Also wurden $\frac{11}{12}$ der Torte bereits gegessen und $\frac{1}{12}$, d. h. genau 1 Stück, blieb noch übrig, denn

$$1=\frac{12}{12} \text{ und } \frac{12}{12}-\frac{11}{12}=\frac{12-11}{12}=\frac{1}{12}.$$

In diesen Überlegungen erkennen wir die Regel zur **Addition** bzw. **Subtraktion gleichnamiger Brüche**:

Gleichnamige Brüche werden addiert bzw. subtrahiert, indem man die **Zähler addiert** bzw. **subtrahiert** und den gemeinsamen **Nenner beibehält**.

$$\frac{a}{c}+\frac{b}{c}=\frac{a+b}{c} \quad (a, b, c \in \mathbb{N};\ c \neq 0)$$

$$\frac{a}{c}-\frac{b}{c}=\frac{a-b}{c} \quad (a, b, c \in \mathbb{N};\ c \neq 0;\ a \geq b)$$

Genauso addierst und subtrahierst du auch gemischte Zahlen, deren echte Brüche gleichnamig sind. Beim Subtrahieren gemischter Brüche musst du aber aufpassen: Wenn der Zähler des ersten Bruches kleiner ist als der des zu subtrahierenden Bruches, musst du von der ersten gemischten Zahl ein Ganzes zusätzlich umwandeln. Du vermeidest diese Schwierigkeit aber, wenn du mit unechten Brüchen rechnest.

Beispiele

1. $\frac{2}{9}+\frac{4}{9}+\frac{7}{9}=\frac{2+4+7}{9}=\frac{13}{9}=1\frac{4}{9}$

2. $\frac{6}{7}-\frac{4}{7}=\frac{6-4}{7}=\frac{2}{7}$

3. $2\frac{1}{4}+1\frac{3}{4}+\frac{1}{4}=2+1+\frac{1+3+1}{4}=3+\frac{5}{4}=3+1\frac{1}{4}=4\frac{1}{4}$

4. $2\frac{11}{13}-1\frac{3}{13}=(2-1)+\left(\frac{11-3}{13}\right)=1\frac{8}{13}$

5. $3\frac{2}{5}-1\frac{4}{5}=2\frac{7}{5}-1\frac{4}{5}=(2-1)+\left(\frac{7-4}{5}\right)=1\frac{3}{5}$

   oder einfacher:

   $3\frac{2}{5}-1\frac{4}{5}=\frac{17}{5}-\frac{9}{5}=\frac{17-9}{5}=\frac{8}{5}=1\frac{3}{5}$

Aufgaben

38. Berechne.

a) $\frac{7}{15}+\frac{3}{15}+\frac{4}{15}$

b) $\frac{7}{20}+1\frac{3}{20}+2\frac{9}{20}$

c) $2\frac{1}{9}+3\frac{4}{9}+1\frac{4}{9}$

39. Löse die Aufgaben.

a) $\frac{21}{24}-\frac{8}{24}$

b) $4\frac{3}{4}-2\frac{1}{4}$

c) $\frac{19}{23}-\frac{7}{23}-\frac{3}{23}$

d) $\frac{4}{9}-\frac{7}{9}$

e) $2\frac{5}{8}-1\frac{7}{8}$

f) $14\frac{4}{9}-8\frac{7}{9}$

Meist müssen wir aber Brüche addieren oder subtrahieren, die vorerst nicht gleichnamig sind. In dem einleitenden Beispiel (du erinnerst dich an die Torte) mussten wir eigentlich die Brüche $\frac{1}{2}$, $\frac{1}{4}$ und $\frac{1}{6}$ addieren. Wir haben uns mit einem anderen Nenner, der 12, geholfen und dabei ausgenutzt, dass 2, 4 und 6 Teiler dieses neuen Nenners 12 waren. Wir haben also die Brüche durch Erweitern gleichnamig gemacht und dann addiert. Für die Addition und Subtraktion von ungleichnamigen Brüchen merken wir uns also:

Um **ungleichnamige Brüche zu addieren bzw. subtrahieren**, müssen sie zuerst **gleichnamig** gemacht werden. Man bestimmt dazu den Hauptnenner (HN), d. h. das kleinste gemeinsame Vielfache (kgV) der vorkommenden Nenner, und erweitert dann entsprechend.

Beispiele

1. $\frac{3}{4}+\frac{1}{6}=\frac{11}{12}$

HN: 12 (Erweiterungszahlen sind 3 und 2)

$$\frac{3}{4}^{\cdot 3}+\frac{1}{6}^{\cdot 2}=\frac{9}{12}+\frac{2}{12}=\frac{9+2}{12}=\frac{11}{12}$$

2. $\frac{2}{9}+\frac{1}{2}+\frac{5}{6}=\frac{28}{18}$

HN: 18 (Erweiterungszahlen sind 2, 9 und 3)

$$\frac{2}{9}^{\cdot 2}+\frac{1}{2}^{\cdot 9}+\frac{5}{6}^{\cdot 3}=\frac{4}{18}+\frac{9}{18}+\frac{15}{18}=$$

$$=\frac{4+9+15}{18}=\frac{28}{18}=1\frac{10}{18}=1\frac{5}{9}$$

3. $\frac{4}{5}-\frac{1}{10}=\frac{7}{10}$

HN: 10 (Erweiterungszahl 2)

$$\frac{4}{5}^{\cdot 2}-\frac{1}{10}=\frac{8}{10}-\frac{1}{10}=\frac{8-1}{10}=\frac{7}{10}$$

4. $2\frac{1}{2}-\frac{6}{7}=\frac{23}{14}$

HN: 14 (Erweiterungszahlen sind 7 und 2)

$$\frac{5}{2}^{\cdot 7}-\frac{6}{7}^{\cdot 2}=\frac{35}{14}-\frac{12}{14}=\frac{23}{14}=1\frac{9}{14}$$

Aufgaben

40. Berechne, kürze und verwandle das Ergebnis, wenn möglich, in eine gemischte Zahl. Male die Lösungsfelder mit einem Buntstift aus, sie ergeben einen Tiernamen.

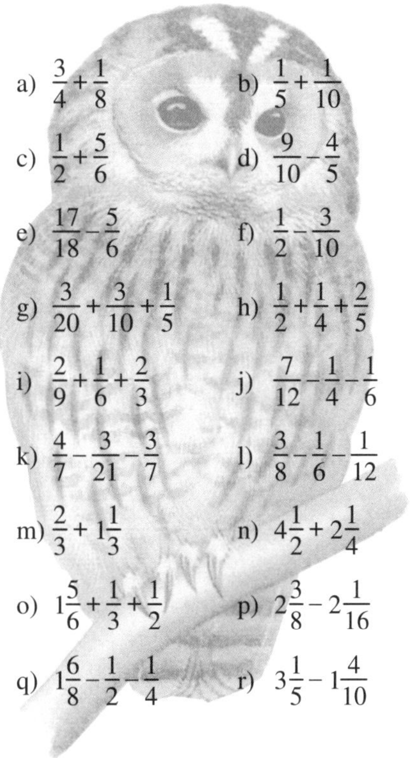

a) $\frac{3}{4}+\frac{1}{8}$ b) $\frac{1}{5}+\frac{1}{10}$

c) $\frac{1}{2}+\frac{5}{6}$ d) $\frac{9}{10}-\frac{4}{5}$

e) $\frac{17}{18}-\frac{5}{6}$ f) $\frac{1}{2}-\frac{3}{10}$

g) $\frac{3}{20}+\frac{3}{10}+\frac{1}{5}$ h) $\frac{1}{2}+\frac{1}{4}+\frac{2}{5}$

i) $\frac{2}{9}+\frac{1}{6}+\frac{2}{3}$ j) $\frac{7}{12}-\frac{1}{4}-\frac{1}{6}$

k) $\frac{4}{7}-\frac{3}{21}-\frac{3}{7}$ l) $\frac{3}{8}-\frac{1}{6}-\frac{1}{12}$

m) $\frac{2}{3}+1\frac{1}{3}$ n) $4\frac{1}{2}+2\frac{1}{4}$

o) $1\frac{5}{6}+\frac{1}{3}+\frac{1}{2}$ p) $2\frac{3}{8}-2\frac{1}{16}$

q) $1\frac{6}{8}-\frac{1}{2}-\frac{1}{4}$ r) $3\frac{1}{5}-1\frac{4}{10}$

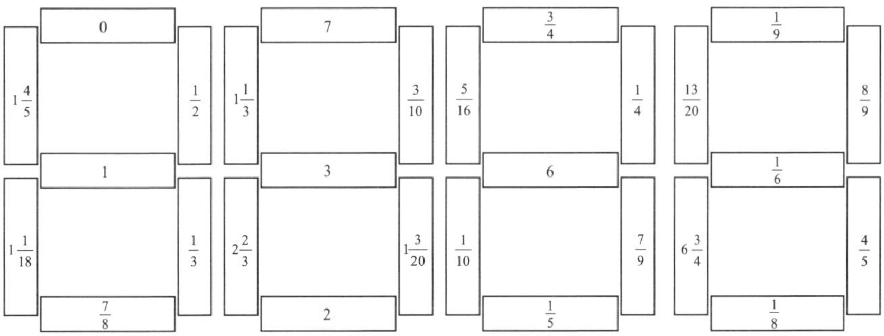

41. Die Aufschriften der Quadrate ist jeweils die Summe der beiden darunter befindlichen Quadrate. Ermittle die fehlenden Aufschriften.

a)

$\frac{1}{2}$	$\frac{1}{4}$	$\frac{1}{3}$	$\frac{1}{5}$

b)

10			
	$3\frac{1}{2}$		
		$1\frac{3}{4}$	
			$1\frac{1}{8}$

42. Ergänze folgende magische Quadrate so, dass die Summe jeder Zeile, jeder Spalte und jeder Diagonale genau 1 beträgt.

a)

$\frac{1}{2}$		
	$\frac{1}{3}$	
	$\frac{5}{9}$	

b)

	$\frac{1}{5}$	
$\frac{4}{15}$		
$\frac{3}{10}$		

43. Ergänze.

a	b	a + b	a – b	b + a
$\frac{3}{4}$	$\frac{2}{3}$			
$1\frac{1}{2}$	$\frac{5}{6}$			
	$\frac{1}{12}$		$\frac{1}{2}$	
$2\frac{3}{5}$		$3\frac{1}{10}$		
			$\frac{3}{7}$	$\frac{5}{7}$

Für die gebrochenen Zahlen gelten dieselben Rechengesetze, die du schon vom Rechnen mit natürlichen Zahlen her kennst. Du kannst Summanden vertauschen und auch bei mehr als zwei Summanden ist die Reihenfolge der Addition beliebig.

Für alle gebrochene Zahlen a, b und c gilt:

$a + b = b + a$ **(Kommutativgesetz)**

$a + (b + c) = (a + b) + c = a + b + c$ **(Assoziativgesetz)**

Wir nutzen diese Gesetze u. a. zum vorteilhaften Rechnen, um damit Zeit und Rechenaufwand zu sparen. Sie gelten auch für das Rechnen mit gemischten Zahlen. Neben diesen Rechengesetzen kennst du von den natürlichen Zahlen her noch eine andere Möglichkeit zum vorteilhaften Rechnen. Sollen mehrere Zahlen subtrahiert werden, kannst du diese Zahlen auch erst addieren und dann die Summe abziehen.

Beispiele

1. Wir wollen die Aufgabe $\frac{1}{4}+\frac{5}{6}+\frac{1}{3}+\frac{3}{4}+\frac{1}{6}$ möglichst vorteilhaft lösen.
   Hier kommen wir sogar ohne Bilden des Hauptnenners zum Ziel.
   Wir wenden das Kommutativgesetz sinnvoll an:
   $$\frac{1}{4}+\frac{5}{6}+\frac{1}{3}+\frac{3}{4}+\frac{1}{6}=\frac{1}{4}+\frac{3}{4}+\frac{5}{6}+\frac{1}{6}+\frac{1}{3}$$
   Nun fassen wir gleichnamige Brüche mit dem Assoziativgesetz zusammen:
   $$\frac{1}{4}+\frac{3}{4}+\frac{5}{6}+\frac{1}{6}+\frac{1}{3}=\left(\frac{1}{4}+\frac{3}{4}\right)+\left(\frac{5}{6}+\frac{1}{6}\right)+\frac{1}{3}$$
   $$= 1 + 1 + \frac{1}{3} = 2\frac{1}{3}$$

2. $$2\frac{1}{4}+3\frac{2}{5}+7\frac{3}{4}=\left(2\frac{1}{4}+7\frac{3}{4}\right)+3\frac{2}{5}$$
   $$= 10 + 3\frac{2}{5} = 13\frac{2}{5}$$
   Auch hier haben wir das Assoziativgesetz angewandt.

3. $\frac{10}{3}-\frac{5}{6}-\frac{1}{12}-\frac{1}{2}=\frac{10}{3}-\left(\frac{5}{6}+\frac{1}{12}+\frac{1}{2}\right)$

$=\frac{10}{3}-\frac{10+1+6}{12}=\frac{10}{3}-\frac{17}{12}$

$=\frac{40-17}{12}=\frac{23}{12}=1\frac{11}{12}$

Hier haben wir die zu subtrahierenden Zahlen addiert und anschließend subtrahiert.

Aufgabe

44. Rechne vorteilhaft.

a) $\frac{1}{3}+\frac{3}{4}+\frac{2}{3}+\frac{3}{4}$

b) $\frac{4}{9}+\frac{5}{6}+\frac{14}{9}+\frac{4}{6}$

c) $\frac{2}{7}+\frac{1}{8}+\frac{3}{8}+\frac{5}{7}$

d) $\frac{12}{13}+\frac{3}{4}+\frac{14}{13}+\frac{1}{2}$

e) $2\frac{1}{3}+1\frac{1}{4}+2\frac{1}{2}+1\frac{2}{3}$

f) $3\frac{2}{5}+4\frac{1}{2}+1\frac{1}{2}$

Beachte aber, dass das Kommutativ- und das Assoziativgesetz nicht für die Subtraktion gelten. Wie schon im Bereich der natürlichen Zahlen gilt nämlich auch für Bruchzahlen:

Bei der Berechnung von Termen legen Klammern fest, in welcher Reihenfolge gerechnet werden soll. Was in **Klammern** steht, wird **zuerst** berechnet.

Klammern dürfen wir also insbesondere bei der Subtraktion nicht einfach umsetzen. Es ergeben sich sonst unterschiedliche Ergebnisse.

Beispiel

$$\frac{11}{12}-\left(\frac{1}{2}-\frac{1}{5}\right)=\frac{11}{12}-\frac{5-2}{10}=\frac{11}{12}-\frac{3}{10}=\frac{55-18}{60}=\frac{37}{60}$$

aber

$$\left(\frac{11}{12}-\frac{1}{2}\right)-\frac{1}{5}=\frac{11-6}{12}-\frac{1}{5}=\frac{5}{12}-\frac{1}{5}=\frac{25-12}{60}=\frac{13}{60}$$

Aufgaben

45. Finde selbst ähnliche Beispiele, bei denen du die Klammern nicht einfach umsetzten darfst. Setze die Klammern um und berechne beide Terme.

46. Berechne. Beachte dabei alle Regeln, rechne möglichst vorteilhaft und kürze das Ergebnis, falls möglich.

a) $\left(\frac{1}{2}+\frac{1}{3}\right)-\frac{4}{5}$ b) $\frac{2}{3}-\left(\frac{1}{6}+\frac{1}{8}\right)$

c) $\frac{2}{3}-\left(\frac{1}{6}-\frac{1}{8}\right)$ d) $\frac{2}{3}-\frac{1}{6}-\frac{1}{8}$

e) $5\frac{2}{3}-1\frac{4}{9}-3\frac{1}{4}$ f) $4\frac{5}{6}-1\frac{4}{5}-2\frac{1}{3}$

g) $1-\frac{1}{2}-\frac{1}{6}-\frac{1}{12}$ h) $\left(\frac{3}{4}-\frac{1}{3}\right)+\left(\frac{1}{3}-\frac{1}{7}\right)$

47. Berechne und kürze vollständig.
Suche zu jedem Ergebnis den passenden Buchstaben und trage ihn in das Lösungsfeld auf Seite 40 ein.

a) $\frac{3}{9}+\frac{2}{5}$ b) $\frac{6}{7}+\frac{6}{14}$

c) $1\frac{1}{2}+1\frac{2}{3}$ d) $\frac{3}{8}+\frac{3}{4}+\frac{3}{6}$

e) $\frac{7}{51}+\frac{6}{34}$ f) $\frac{15}{25}-\frac{2}{15}$

g) $1\frac{2}{3}-1\frac{1}{6}$

h) $2\frac{4}{9}-1\frac{2}{3}$

i) $\frac{11}{12}-\frac{10}{15}$

j) $\frac{1}{24}+\frac{1}{12}+\frac{1}{8}$

k) $\frac{1}{2}+\frac{1}{15}-\frac{1}{10}$

l) $\frac{3}{4}-\frac{3}{14}-\frac{2}{7}$

m) $\frac{2}{3}-\left(\frac{11}{12}-\frac{1}{4}\right)$

n) $1\frac{5}{6}-\frac{3}{5}-\frac{7}{10}-\frac{1}{15}$

o) $\left(\frac{7}{8}+\frac{1}{2}\right)-\left(\frac{3}{4}-\frac{3}{8}\right)$

p) $1\frac{4}{9}-\left(\frac{1}{2}+\frac{4}{9}+\frac{1}{30}\right)$

q) $\frac{5}{6}-\frac{2}{3}+\frac{1}{4}$

r) $1\frac{3}{7}-\left(\frac{3}{14}+\frac{6}{7}\right)-\frac{3}{28}$

s) $\frac{5}{6}-\left(\frac{2}{7}+\frac{3}{42}\right)$

t) $2\frac{5}{12}-\frac{3}{20}-1\frac{1}{2}-\frac{3}{10}$

u) $\frac{1}{6}+\frac{7}{30}+\frac{1}{60}$

v) $\frac{89}{120}-\left(\frac{1}{5}+\frac{1}{6}+\frac{1}{8}\right)$

$\frac{7}{15}$	$\frac{1}{4}$	$1\frac{2}{7}$	$\frac{16}{51}$	$\frac{10}{21}$	1	$\frac{7}{9}$	$3\frac{1}{6}$	$\frac{5}{12}$	$\frac{1}{2}$	0	$1\frac{5}{8}$	$\frac{11}{15}$
E	N	R	H	S	M	Ö	Ü	I	K	G	C	B

						■							■							■					.

2.5 Multiplikation von Bruchzahlen

Um die Multiplikation von Bruchzahlen zu veranschaulichen, verwenden wir Quadrat- und Rechtecksflächen. Wie du weißt, hat ein Quadrat mit der Seitenlänge a die Fläche $A = a \cdot a = a^2$ und ein Rechteck mit den Seiten a und b die Fläche $A = a \cdot b$.

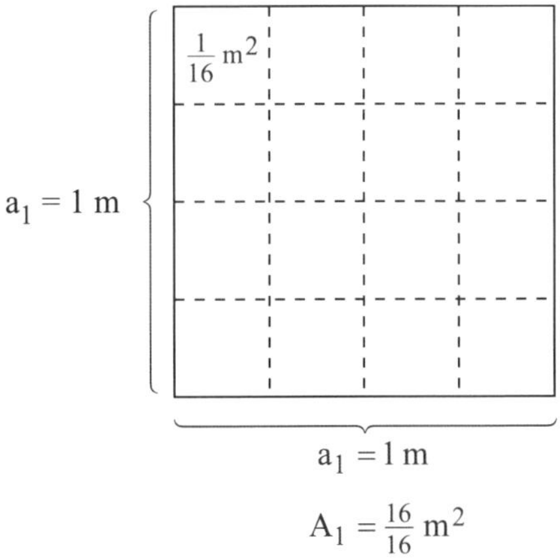

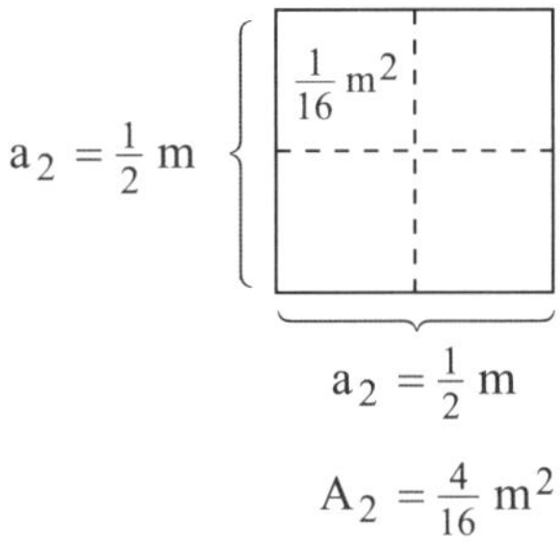

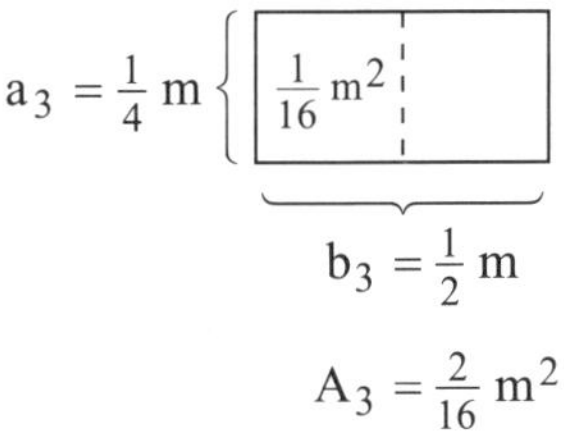

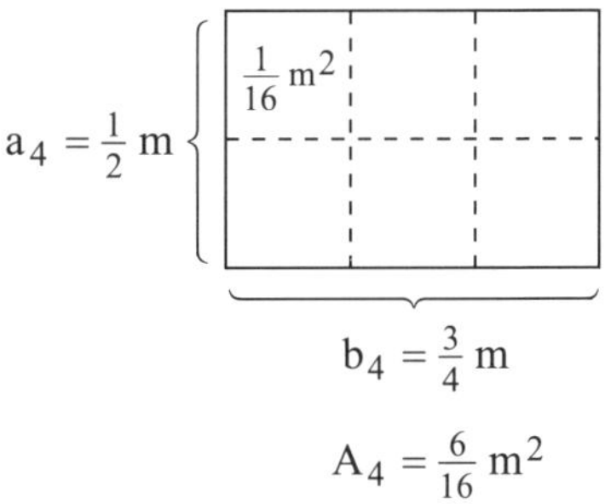

$A_1 = a_1 \cdot a_1 = 1\text{ m} \cdot 1\text{ m} = 1\text{ m}^2$

Du kannst A_1 auch berechnen, wenn du erkennst, dass A_1 genau 16-mal $\frac{1}{16}$ m^2 ist.

$$A_1 = 16 \cdot \frac{1}{16}\text{m}^2 = \frac{16}{16}\text{m}^2 = 1\text{m}^2$$

$$A_2 = a_2 \cdot a_2 = \frac{1}{2}\text{ m} \cdot \frac{1}{2}\text{ m} = \frac{4}{16}\text{ m}^2 = \frac{1}{4}\text{ m}^2 \qquad \text{Allgemein: } \frac{1}{2} \cdot \frac{1}{2} = \frac{1}{4}$$

$$A_3 = a_3 \cdot b_3 = \frac{1}{2}\text{ m} \cdot \frac{1}{4}\text{ m} = \frac{2}{16}\text{ m}^2 = \frac{1}{8}\text{ m}^2 \qquad \frac{1}{2} \cdot \frac{1}{4} = \frac{1}{8}$$

$$A_4 = a_4 \cdot b_4 = \frac{3}{4}\text{ m} \cdot \frac{1}{2}\text{ m} = \frac{6}{16}\text{ m}^2 = \frac{3}{8}\text{ m}^2 \qquad \frac{3}{4} \cdot \frac{1}{2} = \frac{3}{8}$$

In diesen Überlegungen erkennen wir die Regel zur **Multiplikation zweier Brüche**:

Brüche werden miteinander **multipliziert**, indem man **Zähler mit Zähler** und **Nenner mit Nenner** multipliziert:

$$\frac{a}{b} \cdot \frac{c}{d} = \frac{a \cdot c}{b \cdot d} \quad (b, d \neq 0)$$

Gemischte Zahlen multiplizieren wir, indem wir sie vor der Multiplikation in einen unechten Bruch umwandeln und dann erst multiplizieren.

Wir machen uns das Rechnen auch möglichst einfach und vermeiden unnötig große Zahlen. Deshalb werden wir oft schon vor der Multiplikation kürzen. Die folgenden Beispiele verdeutlichen dir, wie du mit Brüchen multiplizierst.

Beispiele

1. $\frac{3}{7} \cdot \frac{4}{5} = \frac{3 \cdot 4}{7 \cdot 5} = \frac{12}{35}$

2. $4 \cdot \frac{5}{9} = \frac{4}{1} \cdot \frac{5}{9} = \frac{4 \cdot 5}{1 \cdot 9} = \frac{20}{9} = 2\frac{2}{9}$

   oder einfacher:

   $4 \cdot \frac{5}{9} = \frac{4 \cdot 5}{9} = \frac{20}{9} = 2\frac{2}{9}$

3. $\frac{8}{9} \cdot \frac{3}{4} = \frac{{}^{2}\not{8} \cdot \not{3}^{1}}{{}_{3}\not{9} \cdot \not{4}_{1}} = \frac{2 \cdot 1}{3 \cdot 1} = \frac{2}{3}$

Hier wurden 8 und 4 sowie 3 und 9 „über Kreuz“ gekürzt und dann erst multipliziert.

4. $\frac{1}{2} \cdot \frac{4}{5} \cdot \frac{7}{6} = \frac{1 \cdot \not{4}^{2} \cdot 7}{{}_{1}\not{2} \cdot 5 \cdot 6} = \frac{{}^{1}\not{2} \cdot 7}{5 \cdot \not{6}_{3}} = \frac{7}{15}$

Wir haben 4 und 2 mit 2 und dann nochmals 2 und 6 mit 2 gekürzt.

5. $3\frac{1}{2} \cdot 1\frac{4}{5} = \frac{7}{2} \cdot \frac{9}{5} = \frac{63}{10} = 6\frac{3}{10}$

Die gemischten Zahlen wurden vor dem Multiplizieren in unechte Brüche umgewandelt.

Aufgaben

48. Berechne. Kürze soweit wie möglich.

a) $\frac{3}{7} \cdot \frac{5}{4}$

b) $\frac{1}{2} \cdot \frac{3}{5}$

c) $\frac{2}{3} \cdot \frac{9}{11}$

d) $\frac{5}{8} \cdot \frac{4}{7}$

e) $\frac{2}{9} \cdot \frac{3}{8}$

f) $\frac{16}{7} \cdot \frac{28}{64}$

g) $7 \cdot \frac{3}{14}$

h) $5 \cdot \frac{11}{15}$

i) $\frac{5}{8} \cdot 16$

j) $1\frac{1}{2} \cdot \frac{4}{3}$

k) $\frac{11}{17} \cdot 2\frac{3}{22}$

l) $\frac{8}{17} \cdot 2\frac{1}{8}$

49. Die Aufschrift der Quadrate erhältst du aus dem Produkt der beiden darunter befindlichen Quadrate. Ermittle die fehlenden Aufschriften.

a)

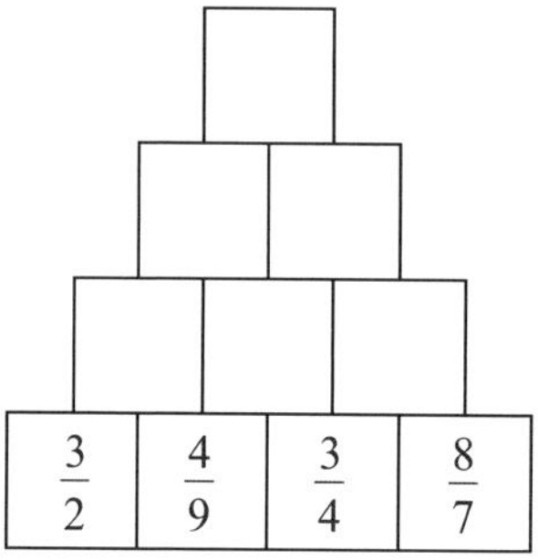

b)

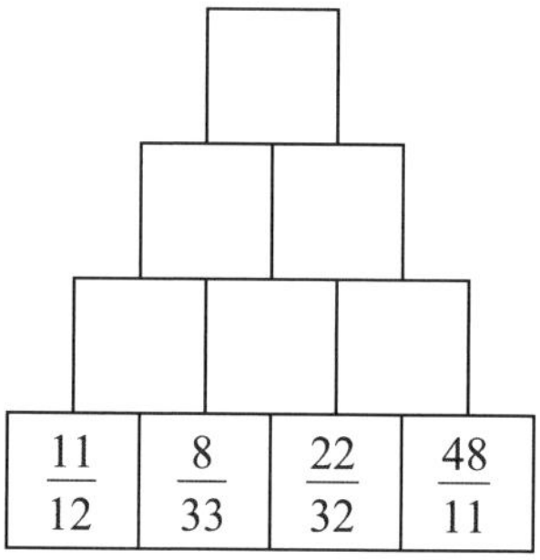

50. Ergänze.

a	b	c	a · b	b · c	a · c	b · a	(a · b) · c	a · (b · c)
$\frac{1}{2}$	$\frac{4}{5}$	$\frac{2}{3}$						
$\frac{2}{5}$	$\frac{15}{16}$	$\frac{8}{9}$						
$\frac{6}{7}$	$\frac{5}{9}$	$\frac{14}{15}$						
$2\frac{4}{5}$	$1\frac{7}{8}$	$3\frac{1}{2}$						

51. Vergleiche die Ergebnisse der einzelnen Spalten miteinander. Was erkennst du und welche Gesetzmäßigkeit steckt dahinter?

Wie schon bei der Addition gelten auch für die Multiplikation von Brüchen dieselben Rechenregeln wie im Bereich der natürlichen Zahlen:

Faktoren kann man vertauschen und Klammern können beliebig gesetzt werden.

a · b = b · a (**Kommutativgesetz**)

(a · b) · c = a · (b · c) = a · b · c (**Assoziativgesetz**)

Wenn du Anwendungsaufgaben mit Brüchen bearbeitest, werden dir Aufgaben begegnen, bei denen du einen Faktor oder auch den Zähler oder Nenner eines Faktors selbst finden musst. Wie du dann vorgehen kannst, wollen wir uns an einigen Beispielen überlegen.

Beispiele

1. Wir wollen x bestimmen, sodass die folgende Gleichung gilt:
   $$\frac{4}{5} \cdot \frac{x}{3} = \frac{16}{15}$$
   Im Nenner stimmen $5 \cdot 3 = 15$ überein.
   Für die Zähler muss gelten: $4 \cdot x = 16$, also $x = 4$.

2. Wir bestimmen x, sodass gilt:
   $$\frac{x}{5} \cdot \frac{1}{4} = \frac{7}{10}$$
   Hier gilt nicht $5 \cdot 4 = 10$. Es muss aber
   $$\frac{x \cdot 1}{5 \cdot 4} = \frac{7}{10}, \text{ also } \frac{x}{20} = \frac{7}{10} \text{ gelten.}$$
   Durch Erweitern von $\frac{7}{10}$ mit 2 erhalten wir $x = 14$.

3. Wir wollen nun eine Bruchzahl x finden, für die gilt:
   $$x \cdot \frac{1}{8} = \frac{5}{12}$$
   Wir versuchen zunächst, die Nenner in Vielfache voneinander umzuwandeln. Wir erweitern hier $\frac{5}{12}$ mit 2 auf $\frac{10}{24}$, da 24 durch 8 teilbar ist. Jetzt müssen wir noch einen Bruch $x = \frac{a}{b}$ finden mit
   $$\frac{a}{b} \cdot \frac{1}{8} = \frac{a \cdot 1}{b \cdot 8} = \frac{10}{24}$$
   Ein solcher Bruch $\frac{a}{b}$ kann z. B. $\frac{10}{3}$ oder $\frac{20}{6}$ sein. Da diese Ergebnisse aber alle dieselbe gebrochene Zahl darstellen, gibt es nur eine Lösung und wir geben die vollständig gekürzte Zahl an, also $x = \frac{10}{3}$ oder $x = 3\frac{1}{3}$.

Nun wollen wir noch einen wichtigen Begriff, das Reziproke eines Bruches, wiederholen.

Vertauscht man in einem Bruch Zähler und Nenner, erhält man das **Reziproke** des Bruches oder dessen **Kehrwert**.
Der Kehrwert von $\frac{a}{b}$ ist $\frac{b}{a}$ $(a, b \neq 0)$.

Das Produkt aus einem Bruch und seinem Reziproken ergibt stets 1.

Beispiel

$$\frac{8}{9} \cdot \frac{9}{8} = 1$$

Aufgabe

52. Ersetze x so, dass eine wahre Aussage entsteht.

a) $\frac{4}{3} \cdot \frac{x}{7} = \frac{16}{21}$

b) $\frac{x}{4} \cdot \frac{1}{3} = \frac{5}{12}$

c) $\frac{4}{x} \cdot \frac{6}{7} = \frac{24}{35}$

d) $\frac{x}{6} \cdot \frac{3}{5} = \frac{1}{10}$

e) $\frac{2}{9} \cdot \frac{x}{5} = \frac{2}{15}$

f) $\frac{x}{11} \cdot \frac{2}{7} = 1\frac{3}{7}$

53. Finde eine Bruchzahl x, für die die Gleichung gilt.

a) $\frac{5}{8} \cdot x = \frac{15}{16}$

b) $x \cdot \frac{3}{2} = \frac{12}{14}$

c) $\frac{4}{9} \cdot x = \frac{4}{3}$

d) $x \cdot \frac{1}{8} = \frac{5}{12}$

54. Bilde den Kehrwert.

a) $\frac{7}{8}$

b) $\frac{11}{15}$

c) $1\frac{4}{5}$

d) $4\frac{2}{9}$

2.6 Division von Bruchzahlen

Es fällt dir sicher schwer, dir eine Division zweier Brüche in der Praxis vorzustellen. Wir beginnen deshalb mit der Division durch eine natürliche Zahl: Du findest in deinem Schrank $\frac{3}{4}$ einer Schokoladentafel und willst diese mit deinen Eltern gerecht teilen. Du musst also $\frac{3}{4}$ durch 3 teilen, um herauszufinden, wie viel jeder von der Tafel bekommt.
Du erkennst schnell, dass jeder dann $\frac{1}{4}$ der Tafel erhält, denn 3 : 3 = 1.
Wir können rechnen:

$$\frac{3}{4}:3=\frac{\cancel{3}^{1}}{4\cdot\cancel{3}_{1}}=\frac{1}{4} \quad \text{oder} \quad \frac{3}{4}:3=\frac{3}{4}\cdot\frac{1}{3}=\frac{{}^{1}\cancel{3}\cdot 1}{4\cdot\cancel{3}_{1}}=\frac{1}{4}$$

d. h. wir multiplizieren mit dem Kehrwert der natürlichen Zahl.

Gilt das aber auch für die Division durch einen Bruch? Wir überlegen uns das wieder an einer praktischen Anwendung: Zur Herstellung eines Fruchtmixes stehen dir $\frac{3}{4}\ell$ Pfirsichsaft zur Verfügung. Je Drink benötigst du $\frac{1}{8}\ell$ davon. Wie viele Pfirsichmixgetränke kannst du maximal herstellen?

Wir müssen rechnen:

$$\frac{3}{4}\ell:\frac{1}{8}\ell$$

Wir überlegen uns, wie viele Achtel $\frac{3}{4}$ ergeben. Da $\frac{3}{4}=\frac{6}{8}$ gilt und du für 1 Drink $\frac{1}{8}$ benötigst, kannst du genau 6 Drinks herstellen, denn $6\cdot\frac{1}{8}=\frac{6}{8}$.
Also muss gelten:

$$\frac{3}{4}:\frac{1}{8}=6=\frac{6}{1}$$

Auf $\frac{6}{1}$ = 6 kommen wir auch, wenn wir $\frac{3}{4}$ mit dem Kehrwert von $\frac{1}{8}$, also mit 8 multiplizieren:

$$\frac{3}{4}\cdot\frac{8}{1}=\frac{3\cdot\cancel{8}^{2}}{{}_{1}\cancel{4}\cdot 1}=\frac{6}{1}$$

Wir merken uns also die folgende Regel:

Brüche werden **dividiert**, indem man den Dividenden **mit dem Kehrwert** des Divisors **multipliziert**.

$$\frac{a}{b}:\frac{c}{d}=\frac{a}{b}\cdot\frac{d}{c}=\frac{a\cdot d}{b\cdot c} \quad (b, c, d \neq 0).$$

Die folgenden Beispiele fassen noch einmal zusammen, wie du durch eine natürliche Zahl, durch einen Bruch oder auch mit gemischten Brüchen dividierst.

Beispiele

1. $\frac{8}{9}:4=\frac{8}{9}:\frac{4}{1}=\frac{8}{9}\cdot\frac{1}{4}=\frac{{}^{2}\cancel{8}\cdot 1}{9\cdot\cancel{4}_{1}}=\frac{2}{9}$

2. $\frac{3}{7}:\frac{6}{11}=\frac{3}{7}\cdot\frac{11}{6}=\frac{{}^{1}\cancel{3}\cdot 11}{7\cdot\cancel{6}_{2}}=\frac{11}{14}$

3. $1\frac{2}{3}:3\frac{7}{9}=\frac{5}{3}:\frac{34}{9}=\frac{5}{3}\cdot\frac{9}{34}=\frac{5\cdot\cancel{9}^{3}}{{}_{1}\cancel{3}\cdot 34}=\frac{15}{34}$

Du erinnerst dich, dass wir auf Seite 6 die Divisionsaufgabe a : b als Bruch $\frac{a}{b}$ geschrieben haben. Analog können wir ja auch $\frac{a}{b}:\frac{c}{d}$ als Bruch schreiben:

Den Quotienten zweier Brüche kann man auch als **Doppelbruch** schreiben:

$$\frac{a}{b}:\frac{c}{d}=\frac{\frac{a}{b}}{\frac{c}{d}} \quad (b, c, d \neq 0).$$

Beispiel

$$\frac{\frac{5}{6}}{\frac{4}{3}}=\frac{5}{6}:\frac{4}{3}=\frac{5}{6}\cdot\frac{3}{4}=\frac{5\cdot\cancel{3}^{1}}{{}_{2}\cancel{6}\cdot 4}=\frac{5}{8}$$

Aufgaben

55. Berechne und kürze ggf. so weit wie möglich.

a) $\frac{1}{2}:\frac{1}{3}$

b) $\frac{3}{4}:\frac{1}{9}$

c) $\frac{3}{5}:\frac{9}{10}$

d) $6:\frac{3}{8}$

e) $\frac{3}{8}:6$

f) $1\frac{1}{2}:\frac{3}{8}$

g) $0:\frac{1}{7}$

h) $\frac{1}{7}:0$

i) $\frac{4}{15}:1$

j) $1:\frac{4}{15}$

56. Berechne und kürze.

a) $\frac{\frac{4}{3}}{\frac{5}{6}}$

b) $\frac{\frac{3}{4}}{\frac{3}{4}}$

c) $\frac{1}{\frac{5}{9}}$

d) $\frac{\frac{5}{9}}{2\frac{1}{3}}$

57. Ergänze.

a	b	c	a : b	b : a	a : c	c : a	b : c	c : b
$\frac{2}{3}$	$\frac{8}{9}$	$\frac{4}{5}$						
$\frac{1}{10}$	$\frac{4}{5}$	$\frac{8}{15}$						
$1\frac{1}{2}$	$\frac{6}{7}$	$\frac{4}{21}$						
$\frac{3}{8}$	$2\frac{1}{4}$	$3\frac{5}{6}$						

58. Welchen Unterschied haben die Ergebnisse beim Vertauschen von Dividend und Divisor? Sieh dir dazu die Ergebnisse der Aufgabe 57 an und begründe deine Antwort.

59. Die Aufschrift der Quadrate ist jeweils das Produkt der beiden darunter befindlichen Quadrate. Ermittle die fehlenden Aufschriften.

a)

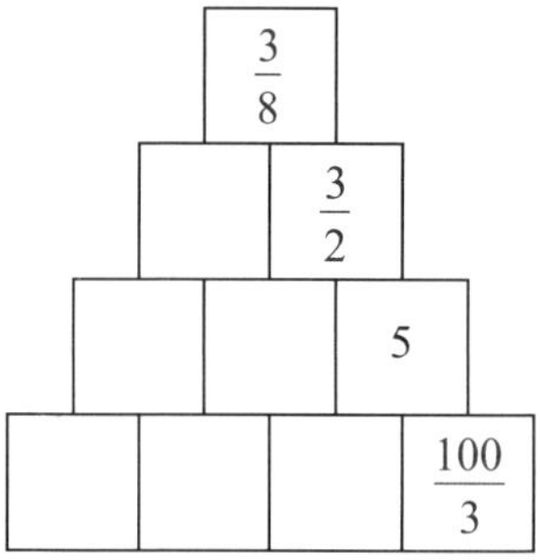

b)

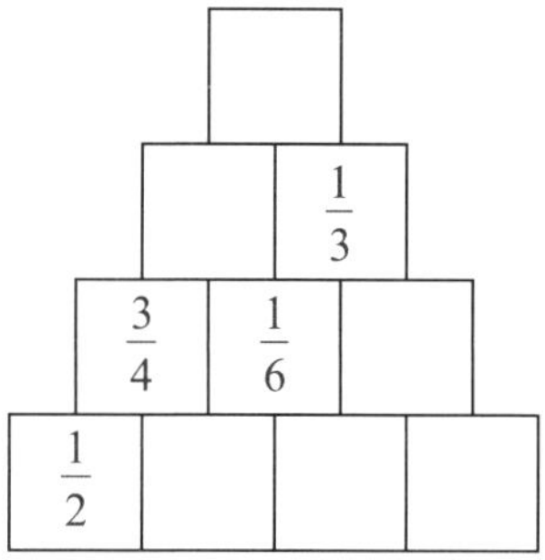

2.7 Verbindung der Grundrechenarten

Auch beim Rechnen mit Bruchzahlen musst du die Besonderheiten beim Umgang mit den Zahlen 0 oder 1 beachten. Natürlich gelten auch hier die dir schon bekannten Regeln.

Für jede Bruchzahl a gilt:

bei der **Addition**: $a + 0 = 0 + a = a$

bei der **Subtraktion**: $a - 0 = a$

$0 - a$ ist im Bereich der gebrochenen Zahlen nicht lösbar

$a - a = 0$

bei der **Multiplikation**: $a \cdot 0 = 0 \cdot a = 0$

$a \cdot 1 = 1 \cdot a = a$

bei der **Division**: $0 : a = \frac{0}{a} = 0$ $\quad a : 0 = \frac{a}{0}$ ist nicht definiert

$a : 1 = \frac{a}{1} = a$ $\quad 1 : a = \frac{1}{a}$ (Kehrwert von a)

$a : a = \frac{a}{a} = 1$

Rechenregeln:
1. Punktrechnen geht vor Strichrechnen.
2. Klammern werden zuerst berechnet.
3. Addition und Multiplikation sind kommutativ und assoziativ.
4. Bei der Verknüpfung von Punkt- und Strichrechnen gilt das **Distributivgesetz**:
   $a \cdot (b + c) = a \cdot b + a \cdot c$

Beispiele

1. $\frac{3}{5} \cdot \frac{3}{4} + \frac{3}{10} = \frac{3 \cdot 3}{5 \cdot 4} + \frac{3}{10} = \frac{9}{20} + \frac{3}{10} = \frac{9}{20} + \frac{6}{20} = \frac{9+6}{20} = \frac{\cancel{15}^{3}}{\cancel{20}_{4}} = \frac{3}{4}$

2. $\frac{1}{3} \cdot \left(\frac{3}{4} + \frac{2}{5}\right) = \frac{1}{3} \cdot \left(\frac{15+8}{20}\right) = \frac{1}{3} \cdot \frac{23}{20} = \frac{23}{60}$

   oder:

   $\frac{1}{3} \cdot \left(\frac{3}{4} + \frac{2}{5}\right) = \frac{1}{3} \cdot \frac{3}{4} + \frac{1}{3} \cdot \frac{2}{5} = \frac{1 \cdot \cancel{3}^{1}}{{}_{1}\cancel{3} \cdot 4} + \frac{1 \cdot 2}{3 \cdot 5} = \frac{1}{4} + \frac{2}{15} = \frac{15+8}{60} = \frac{23}{60}$

3. $\left(\frac{5}{6}+\frac{3}{4}\right)\cdot\left(2-\frac{2}{7}\right)=\left(\frac{10+9}{12}\right)\cdot\left(\frac{14-2}{7}\right)=\frac{19}{12}\cdot\frac{12}{7}=\frac{19\cdot\cancel{12}^{1}}{{}_{1}\cancel{12}\cdot 7}=\frac{19}{7}=2\frac{5}{7}$

4. $\left(\frac{9}{5}-\frac{7}{15}\right):\frac{3}{10}=\left(\frac{27-7}{15}\right):\frac{3}{10}=\frac{20}{15}:\frac{3}{10}=\frac{20}{15}\cdot\frac{10}{3}=\frac{{}^{4}\cancel{20}\cdot 10}{{}_{3}\cancel{15}\cdot 3}=\frac{40}{9}=4\frac{4}{9}$

   Hier kannst du aber auch das Distributivgesetz anwenden, denn der **Dividend** ist eine Differenz:

   $$\left(\frac{9}{5}-\frac{7}{15}\right):\frac{3}{10}=\frac{9}{5}:\frac{3}{10}-\frac{7}{15}:\frac{3}{10}=\frac{9}{5}\cdot\frac{10}{3}-\frac{7}{15}\cdot\frac{10}{3}$$

   $$=\frac{{}^{3}\cancel{9}\cdot\cancel{10}^{2}}{{}_{1}\cancel{5}\cdot\cancel{3}_{1}}-\frac{7\cdot\cancel{10}^{2}}{{}_{3}\cancel{15}\cdot 3}=\frac{6}{1}-\frac{14}{9}$$

   $$=\frac{54-14}{9}=\frac{40}{9}=4\frac{4}{9}$$

5. Beachte aber: Wenn der **Divisor** eine Summe oder Differenz ist, gilt das Distributivgesetz **nicht**!

   $30:(2+3)=\frac{30}{2+3}=\frac{30}{5}=6$

   aber

   $30:2+30:3=\frac{30}{2}+\frac{30}{3}=25$

Aufgaben

60. Berechne auf zwei Arten und vergleiche die Ergebnisse.

a) $\frac{5}{2}\cdot\left(\frac{3}{4}+\frac{1}{3}\right)$

b) $\left(\frac{7}{4}-\frac{3}{8}\right)\cdot\frac{8}{22}$

c) $\left(\frac{1}{2}+\frac{1}{4}\right):\frac{1}{3}$

d) $\left(1\frac{1}{5}-\frac{12}{10}\right)\cdot\frac{1}{2}$

e) $\left(3\frac{2}{5}-\frac{7}{15}\right):\frac{22}{15}$

f) $\dfrac{\frac{3}{4}-\frac{3}{8}}{\frac{3}{2}}$

61. Berechne.

a) $\frac{2}{5}+\frac{3}{10}\cdot\frac{1}{3}$

b) $\frac{5}{8}\cdot 2+\frac{3}{4}:2$

c) $\frac{5}{6}:\frac{2}{3}+\frac{4}{9}$

d) $\left(\frac{2}{5}+\frac{1}{10}\right)\cdot\left(\frac{3}{4}-\frac{2}{7}\right)$

e) $\left(\frac{5}{6}+\frac{1}{3}\right):\left(\frac{2}{9}\cdot\frac{3}{4}\right)$

f) $\frac{3}{8}\cdot\left[\frac{2}{3}-\left(\frac{1}{15}+\frac{7}{12}\right)\right]$

62. Berechne. Stimmt die Endlösung 1?

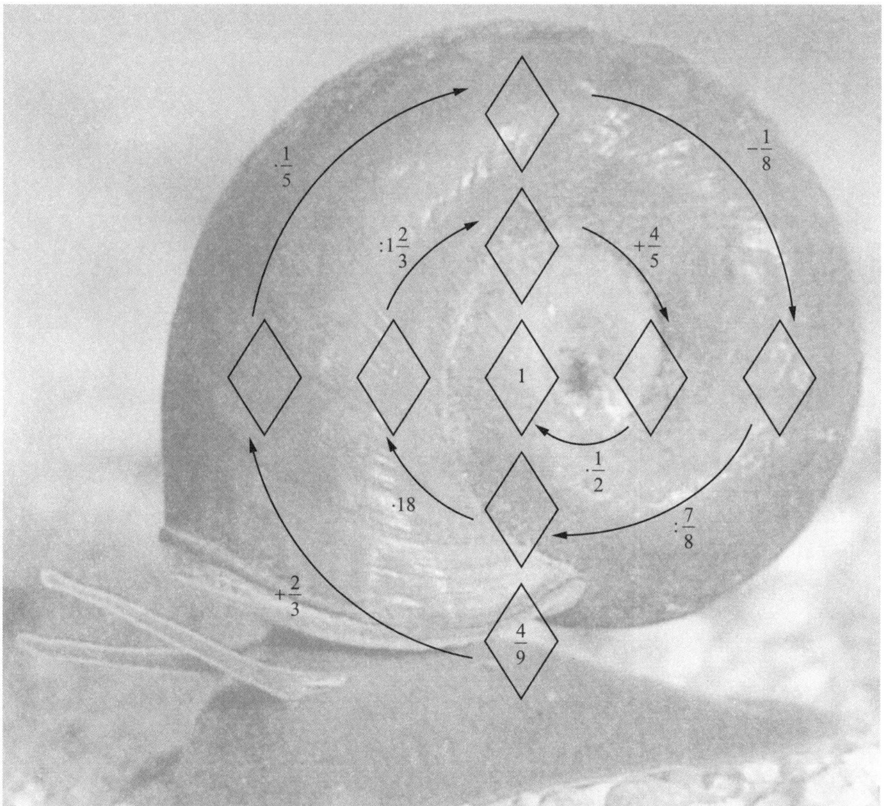

63. Berechne. Ordne die Ergebnisse der Größe nach, beginne mit dem kleinsten. So ergeben die zugehörigen Buchstabengruppen einen Satz.

a) $\frac{7}{20}+\frac{3}{5}$ (JET)

b) $\frac{4}{5}-\frac{5}{8}$ (CHZ)

c) $\frac{49}{50}:\frac{7}{20}$ (TRE)

d) $\frac{39}{64}:\frac{13}{16}$ (ICH)

e) $\left(\frac{5}{9}-\frac{1}{3}\right)\cdot\frac{1}{8}$ (MIT)

f) $\frac{5}{7}\cdot\frac{11}{10}+\frac{3}{8}\cdot\frac{4}{7}$ (ZTE)

g) $\frac{4}{5}\cdot\frac{5}{6}+1\frac{2}{3}$ (GU)

h) $21\cdot\frac{7}{9}$ (EN)

i) $\frac{5}{7}-\frac{1}{2}:\frac{3}{4}$ (BRU)

j) $\frac{1}{4}+\frac{1}{3}\cdot\frac{3}{4}$ (AHL)

k) $\left(\frac{1}{4}+\frac{5}{6}-\frac{7}{12}\right):\frac{1}{4}$ (ICH)

l) $\frac{9}{10}-\frac{1}{6}$ (ANN)

m) $2\frac{3}{4}\cdot\frac{1}{2}$ (NDL)

n) $5:\frac{1}{3}$ (CHN)

o) $\left(\frac{1}{9}+\frac{7}{12}\right)\cdot\left(\frac{3}{10}+\frac{3}{5}\right)$ (ENK)

Lösung:

			■												■					■					
					■								■				■								.

3 Dezimalbrüche

In Sportarten, in denen Schnelligkeit eine Rolle spielt, wie z. B. beim Bobfahren oder Fahrradrennen, müssen Zeiten genau gemessen werden. Mittlerweile können sie auf Tausendstel Sekunden genau angegeben werden, z. B. 41,346 s. Diese Zahl in Kommaschreibweise ersetzt den gemischten Bruch $41\frac{346}{1000}$.

3.1 Definition und Darstellung

Wir definieren, was wir unter einer solchen Zahl verstehen und treffen die folgenden Vereinbarungen:

1,2; 0,752; 12,07; ... werden **Dezimalbrüche** oder **Dezimalzahlen** genannt.
Links vom Komma (vor dem Komma) stehen die Ganzen, rechts vom Komma (nach dem Komma) stehen die Dezimalen (Teile oder Dezimalstellen).

Dezimalzahlen stellen Brüche in einer anderen Schreibweise dar.

Beispiele

1. $0{,}73 = \frac{73}{100}$
2. $0{,}0028 = \frac{28}{10\,000}$

Wie wir einen Dezimalbruch ausführlich zerlegen, zeigt das folgende Beispiel.

Beispiel

Wir zerlegen die Zahl 41,346:

4	1	,	3	4	6
Zehner (Z)	Einer (E)		Zehntel (z)	Hundertstel (h)	Tausendstel (t)

$$4 \cdot 10 + 1 \cdot 1 + 3 \cdot \frac{1}{10} + 4 \cdot \frac{1}{100} + 6 \cdot \frac{1}{1000}$$

Wir merken uns die folgenden Begriffe:

Nach dem Komma stehen an der
1. Stelle die **Zehntel** (z), an der
2. Stelle die **Hundertstel** (h), an der
3. Stelle die **Tausendstel** (t), an der
4. Stelle die **Zehntausendstel** (zt) usw.

Auf genau entgegengesetzte Weise können wir gemeine Brüche in Dezimalbrüche umwandeln.

Beispiele

1. $\frac{17}{100} = 0{,}17$
2. $\frac{5}{1000} = 0{,}005$

Dezimalbrüche lassen sich in einer erweiterten Stellenwerttafel darstellen. Die folgenden Beispiele verdeutlichen dir das.

Beispiele

	Zahl	ZT	T	H	Z	E	z	h	t	zt
1.	41,346				4	1	3	4	6	
2.	0,0028								2	8
3.	29734,93	2	9	7	3	4	9	3		

Aufgaben

64. Schreibe als Bruch.

a) 0,25
b) 1,7
c) 3,952
d) 0,049
e) 37,27
f) 525,8

65. Schreibe als Dezimalzahl.

a) $\frac{3}{10}$
b) $1\frac{17}{100}$
c) $25\frac{3}{100}$
d) $328\frac{5}{10}$
e) $\frac{97}{10000}$
f) $36\frac{759}{1000}$

66. Lege eine Stellenwerttafel an und trage folgende Dezimalbrüche ein.

a) 4,29
b) 23,07
c) 0,0125
d) 75999,9
e) 872,924
f) 0,222

Das Rechnen mit Dezimalbrüchen ist meist einfacher als mit gemeinen Brüchen. Dies wirst du schon bald beim Erweitern und Kürzen bemerken. Wie schon bei den Bruchzahlen verwendet man auch bei Dezimalbrüchen den Begriff gleichnamig. Da man aber nur Zehntel, Hundertstel, Tausendstel usw. hat, vereinfacht sich auch das Bilden gleichnamiger Dezimalbrüche.

Dezimalbrüche heißen **gleichnamig**, wenn sie gleich viele Dezimalstellen besitzen.

Es ist zwar nicht üblich, z. B. für eine Preisangabe 5,3 € oder 7,000 € zu schreiben, denn wir wissen, dass 1 € genau 100 Cent besitzt und wir deshalb zwei Dezimalstellen verwenden. Für eine Dezimalzahl ist es aber unbedeutend, wie viele Nullen du noch anfügst bzw. weglässt. Beachte aber, dass du nur die Endziffern Null nach dem Komma weglassen darfst, also keine Nullen zwischen anderen Ziffern! Wir merken uns:

Dezimalbrüche **erweitert** man, indem man am Ende Nullen hinzufügt.
Man **kürzt** sie, indem man am Ende Nullen weglässt.

Beispiele

1. Wir erweitern 5,3:
   5,3 = 5,30 = 5,300 = ...
2. Wir kürzen 7,000:
   7,000 = 7,00 = 7,0 = 7
3. Wir kürzen 20,01200 vollständig:
   20,01200 = 20,012 (gekürzt mit 100)
4. Die Dezimalbrüche 2,79 und 1,028 sind nicht gleichnamig, denn sie haben unterschiedlich viele (2 bzw. 3) Dezimalstellen. Erweitert man 2,79 mit 10, wird also eine Null angefügt (2,790), sind die Brüche gleichnamig.

Aufgaben

67. Erweitere so, dass die Zahl mit 27,94088 gleichnamig ist. Gib die Erweiterungszahl an.

a) 9,826 b) 0,0537

c) 1,2 d) 142,58

e) 12 f) 0,6

68. Kürze so weit wie möglich.

a) 23,900 b) 0,340

c) 1,0400 d) 122,000

e) 7,0005 f) 200,0

Dezimalbrüche lassen sich wie auch natürliche Zahlen oder Bruchzahlen auf dem Zahlenstrahl darstellen.

Beispiele

Hier entsprechen 10 cm einem Ganzen.
$\frac{1}{10} = 0{,}1$ entspricht dann also 1 cm und
$\frac{1}{100} = 0{,}01$ entspricht 1 mm.

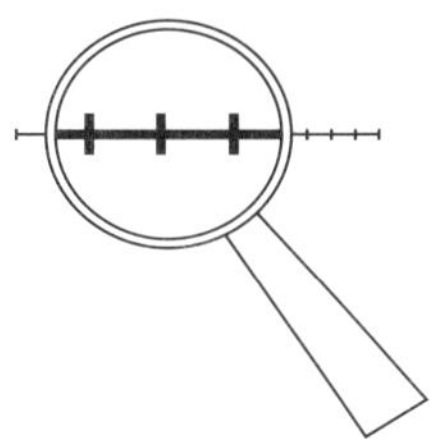

Willst du weitere Dezimalstellen veranschaulichen, „vergrößerst" du den entsprechenden Teil des Zahlenstrahls:

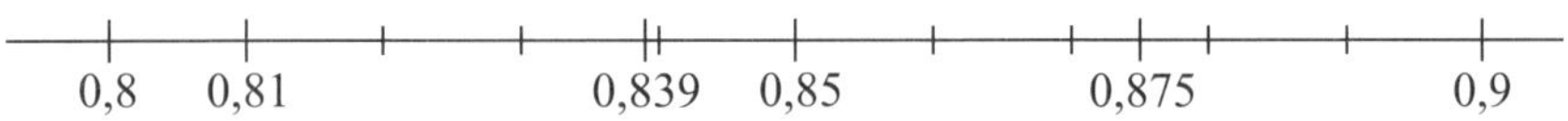

1 mm entspricht jetzt $\frac{1}{1000} = 0{,}001$, denn hier entspricht $\frac{1}{10} = 0{,}1$ genau 10 cm und $\frac{1}{100} = 0{,}01$ entspricht 1 cm.

Aufgabe

69. Kennzeichne folgende Dezimalbrüche jeweils auf einem Zahlenstrahl. Wähle eine geeignete Einteilung.

a) 0,2; 0,45; 0,95; 0,59; 0,7

b) 1,2; 1,08; 1,85; 1,43; 2

c) 0,01; 0,02; 0,005; 0,007; 0,016

d) 4,2; 4,25; 4,3; 4,275; 4,293

3.2 Vergleichen und Ordnen von Dezimalbrüchen

Wenn Dezimalbrüche auf dem Zahlenstrahl dargestellt sind, können wir sofort entscheiden:

Derjenige Dezimalbruch, der auf dem Zahlenstrahl weiter rechts liegt, ist **größer**.

Auch beim Vergleichen von Geldbeträgen erkennst du sehr schnell:

1,30 € > 1,03 €, denn 10 Cent sind $\frac{1}{10}$, 1 Cent ist $\frac{1}{100}$ von 1 €. Aus dem vorhergehenden Kapitel wissen wir ja schon, dass $\frac{1}{10}$ größer ist als $\frac{1}{100}$.

Wenn du dir überlegst, wie du beim Vergleichen von Geldbeträgen vorgehst, erkennst du: Dezimalbrüche vergleicht man stellenweise, zuerst die Ganzen, dann die Zehntel, die Hundertstel usw.

Der Dezimalbruch mit der größeren natürlichen Zahl vor dem Komma ist der **größere**. Stimmen diese überein, so ist der Dezimalbruch größer, der die erste größere Ziffer nach dem Komma hat.

Beispiele

1. 43,72 > 41,95, denn 43 > 41
2. 7,352 < 7,477, denn 3 < 4
3. 0,0291 > 0,0012, denn 2 > 0

Aufgaben

70. Vergleiche und begründe deine Entscheidung.

a) 22,9 und 21,85
b) 17,34 und 17,43
c) 0,029 und 0,092
d) 1,004 und 1,04
e) 102,7 und 10,27
f) 3,2043 und 3,219

71. Ordne, beginne jeweils mit der kleinsten Zahl.

a) 5,39; 4,123; 6,725; 4,132; 5,172; 6,172; 10,9; 3,83
b) 0,902; 0,092; 0,029; 0,209; 0,075
c) 0,024; 0,420; 0,039; 0,39; 0,287

Auch bei Dezimalzahlen können wir nicht von Vorgänger und Nachfolger sprechen. Wenn dir zwei Dezimalzahlen, die nicht gleich sind, vorgegeben sind, kannst du wieder beliebig viele Dezimalbrüche finden, die zwischen diesen beiden liegen.

Beispiele

1. Genau in der Mitte zwischen 2,3 und 2,4 liegt 2,35.
   Du kannst so überlegen: 2,3 = 2,30 und 2,4 = 2,40. Die Zahl 35 liegt genau zwischen 30 und 40. Es ist also sinnvoll, die Brüche zu erweitern.
2. Sind 0,42 und 0,51 gegeben, so liegen z. B. 0,43; 0,44; 0,45; ...; 0,50, aber auch 0,442; 0,4597 usw. zwischen diesen Zahlen.

Aufgabe

72. Welche Zahl liegt genau in der Mitte zwischen:

a) 1,7 und 1,8
b) 0,75 und 0,76
c) 2,43 und 2,48
d) 2,43 und 2,49
e) 0,99 und 1
f) 0,02 und 0,1
g) 7,358 und 7,491
h) 1,075 und 2,075

3.3 Runden von Dezimalbrüchen

Im täglichen Leben begegnest du sehr oft Zahlen, die nur Näherungswerte darstellen, also gerundet sind.

Beispiele

1. Zum Fußballspiel von Bayern München kamen 46 000 Zuschauer.
2. Der Audi A2 hat eine Masse von 890 kg.
3. Island hat 270 000 Einwohner.

Aufgabe

73. Welche der folgenden Angaben würdest du runden? Gib diese Rundungen an.

a) Rom hat 2 915 012 Einwohner.

b) Die Donau hat eine Länge von 2 849,782 km.

c) Der Fichtelberg ist 1 214 m hoch.

d) Martins Fahrradnummer lautet 7 324 102.

Die Rundungsregel, die du schon für natürliche Zahlen kennst, gilt auch für Dezimalbrüche:

Bis zur Ziffer 4 wird **abgerundet**, ab 5 wird **aufgerundet**.

Beispiele

1. $1{,}256 \approx 1{,}26$
2. $3{,}41 \approx 3{,}4$
3. $25{,}9 \approx 26$

Bei einem Dezimalbruch legen wir die Genauigkeit fest, indem wir angeben, wie viele **zuverlässige** oder **gültige Ziffern** er hat. Will man eine größere Genauigkeit angeben, fügt man weitere Stellen an.

Beispiele

1. 3,42 hat 3 gültige Ziffern, sie liegt zwischen 3,415 und 3,425.
   3,42 ist auf Hundertstel oder 2 Dezimalstellen genau angegeben.

2. 4,060 ist auf Tausendstel oder auf 3 Dezimalstellen gerundet und es gilt:
   $4{,}0595 \leq 4{,}060 < 4{,}0605$.

3. 24,08534 ergibt gerundet auf
   Zehntausendstel oder 4 Dezimalstellen oder 6 gültige Ziffern:
   24,0853 (abgerundet wegen 4)

   Tausendstel oder 3 Dezimalstellen oder 5 gültige Ziffern:
   24,085 (abgerundet wegen 3)

   Hundertstel oder 2 Dezimalstellen oder 4 gültige Ziffern:
   24,09 (aufgerundet wegen 5)

   Zehntel oder 1 Dezimalstelle oder 3 gültige Ziffern:
   24,1 (aufgerundet wegen 9)

   Einer oder Ganze oder 2 gültige Ziffern:
   24 (abgerundet wegen 1)

   Zehner oder 1 gültige Ziffer:
   20 (abgerundet wegen 4)

Aufgaben

74. Runde die Zahlen nacheinander auf 4, 3, 2 und 1 Dezimalstelle.

a) 29,75361 b) 0,49875

c) 1,00223 d) 4,55555

75. Runde auf Zehntel. Gib die gültigen Ziffern vor und nach dem Runden an.

a) 3,429 b) 1,75

c) 0,09 d) 0,0872

e) 24,93 f) 378,052

g) 1,04 h) 2,731

76. Runde jeweils auf 2 gültige Ziffern.

a) 37,04 b) 1,728

c) 9,012 d) 0,0172

e) 0,0293 f) 324,9

g) 7281 h) 7,904

77. Gib jeweils an, zwischen welchen zwei Zahlen die gerundete Dezimalzahl liegt.

a) 1,2 b) 0,7

c) 2,43 d) 7,348

e) 0,002 f) 0,0078

78. Entscheide, ob die Aussagen in den Kreisen wahr oder falsch sind. Folge dem entsprechenden Pfeil, beginne bei „Start“ und trage die Lösungsbuchstaben der Reihenfolge nach in die unteren Kästchen ein.

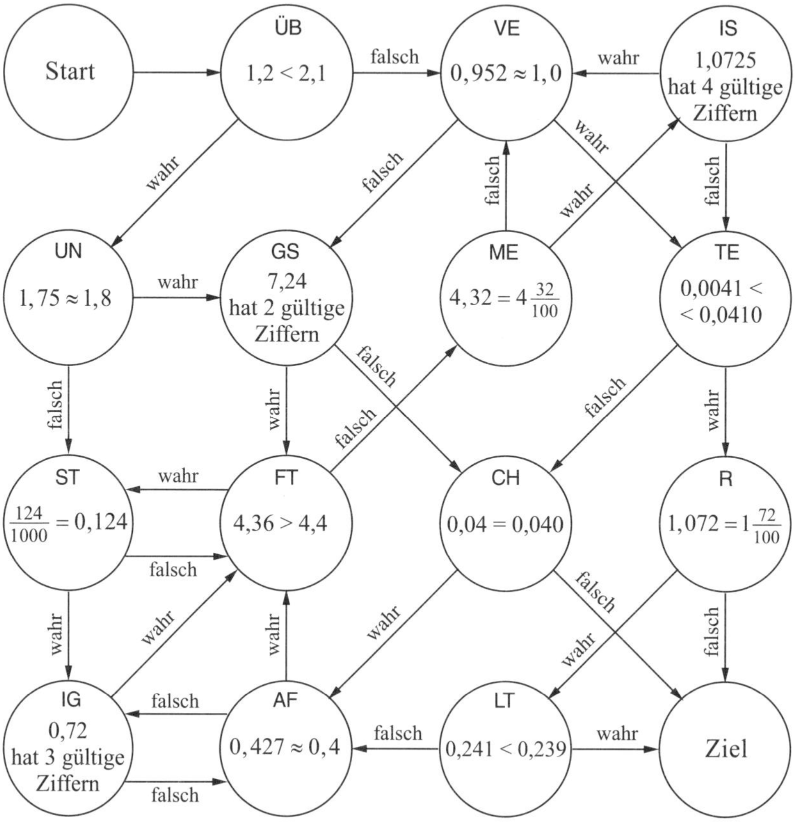

3.4 Addition und Subtraktion von Dezimalzahlen

Paul wünscht sich zum Geburtstag eine Inline-Skates-Ausrüstung. Im Katalog findet er Angebote:

Inline-Skates:	79 €
Helm:	39,95 €
Sicherheits-Set:	24,95 €

Er rechnet schnell auf einem Notizzettel:

Auch du weißt schon, wie du mit Geldbeträgen rechnen musst. Genauso rechnest du nun auch mit anderen Dezimalbrüchen. Zur besseren Übersicht ist es sinnvoll, die Dezimalbrüche vorher gleichnamig zu machen.

Dezimalbrüche werden wie natürliche Zahlen **stellenweise addiert** bzw. **subtrahiert**. Dabei muss Komma unter Komma stehen.

Beispiele

1. 347,11 + 2,782 + 0,04 + 7,3 = 357,232

   Du rechnest:

$$\begin{array}{r} 347{,}110 \\ +\ 2{,}782 \\ +\ 0{,}040 \\ +\ 7{,}300 \\ \scriptstyle 1\,1\,1 \\ \hline \underline{\underline{357{,}232}} \end{array}$$

2. 11,9 – 2,35 – 4,008 = 5,542

   Die Rechnung lautet:

$$\begin{array}{r} 11{,}900 \\ -\ 2{,}350 \\ -\ 4{,}008 \\ \scriptstyle 1\,1 \\ \hline \underline{\underline{5{,}542}} \end{array}$$

Aufgaben

79. Schreibe untereinander und berechne.

a) 1,37 + 12,9 + 0,78

b) 3,2 + 3,77 + 1,39 + 7,801

c) 0,044 + 0,44 + 4,4 + 4,044

d) 24,89 + 31,7 + 0,58 + 326

e) 5,803 + 0,583 + 0,053 + 58,3

80. Schreibe untereinander und berechne.

a) 4,86 – 1,9

b) 11,3 – 7,25 – 0,02

c) 121,9 – 12,19 – 1,219 – 0,1219

d) 1420,79 – 953,8 – 168,25 – 8

e) 8888,88 – 777,7 – 66,666 – 5,5

Auch beim Rechnen mit Dezimalbrüchen gelten dieselben Rechengesetze und -regeln, die wir bereits im Zusammenhang mit Bruchzahlen angewandt haben, also das Kommutativ- und das Assoziativgesetz sowie die Klammerregeln. Wenn du nicht mehr ganz sicher bist, sieh noch einmal auf den Seiten 37 und 38 nach.

Beispiele

1. (4,8 + 7,25) – (0,98 + 5,9) = 5,17
   Die Klammern werden zuerst berechnet und anschließend wird das Ergebnis der zweiten Klammer von dem der ersten Klammer subtrahiert.

$$\begin{array}{r} 4{,}80 \\ +\ 7{,}25 \\ \scriptsize 1\phantom{{,}25} \\ \hline \underline{12{,}05} \end{array} \qquad \begin{array}{r} 0{,}98 \\ +\ 5{,}90 \\ \scriptsize 1\phantom{{,}90} \\ \hline \underline{6{,}88} \end{array} \qquad \begin{array}{r} 12{,}05 \\ -\ 6{,}88 \\ \scriptsize 1\ 1 \\ \hline \underline{\underline{5{,}17}} \end{array}$$

2. 23,8 – 11,75 – 0,83 + 9,004 – 1,8 = 18,424
   Hier kannst du jede Teilaufgabe von links beginnend für sich rechnen oder du rechnest vorteilhaft:

Summe aller Zahlen, die addiert werden (+ vor der Zahl bzw. die erste Zahl der Aufgabe, wenn sie ohne Vorzeichen auftritt):

$$\begin{array}{r} 23{,}800 \\ +\ \ 9{,}004 \\ \scriptsize 1\phantom{9{,}004} \\ \hline \underline{32{,}804} \end{array}$$

Summe aller Zahlen, die subtrahiert werden (– vor der Zahl):

$$\begin{array}{r} 11{,}75 \\ +\ \ 0{,}83 \\ +\ \ 1{,}80 \\ \scriptsize 2\phantom{{,}80} \\ \hline \underline{14{,}38} \end{array}$$

Differenz der Ergebnisse:

$$\begin{array}{r} 32{,}804 \\ -\ 14{,}380 \\ \scriptsize 1\ \ 1\phantom{{,}380} \\ \hline \underline{\underline{18{,}424}} \end{array}$$

Aufgabe

81. Berechne möglichst vorteilhaft.

a) (90,5 + 64,37) – (21,8 + 0,42)

b) 12,86 + (3 – 2,77) + 2,96

c) 13,5 – (12,96 – 7,3)

d) 22,7 – 2,27 + 227 – 20,07 – 8

e) 18,3 – 1,05 – 4,8 – 3,76 + 4,933

f) 26,4 – 0,72 – 9,8 + 11,73 – 4,12

3.5 Multiplikation von Dezimalbrüchen

Das Ergebnis einer Multiplikationsaufgabe mit Dezimalbrüchen können wir berechnen, indem wir die Dezimalbrüche in gemeine Brüche umwandeln, diese dann multiplizieren und das Ergebnis wieder zurück umwandeln. Wir können es uns aber auch einfacher machen: Wir multiplizieren beide Zahlen zunächst ohne Beachtung des Kommas, wie wir es von natürlichen Zahlen her kennen. Dann zählen wir ab, wie viele Kommastellen beide Dezimalbrüche zusammen haben. So viele Dezimalstellen hat dann das Ergebnis. Wir merken uns:

Dezimalbrüche werden **multipliziert**, indem man zunächst ohne Beachtung des Kommas multipliziert und dem Ergebnis dann so viele Dezimalstellen gibt, wie die Faktoren zusammen besitzen.

Beispiele

1. Wir multiplizieren 0,4 und 0,7 mithilfe der gemeinen Brüche:

   $0{,}4 = \frac{4}{10}$ und $0{,}7 = \frac{7}{10}$

   $\frac{4}{10} \cdot \frac{7}{10} = \frac{4 \cdot 7}{10 \cdot 10} = \frac{28}{100}$

   und da $\frac{28}{100} = 0{,}28$, ergibt sich daraus 0,4 · 0,7 = 0,28.

   Wir können aber einfacher rechnen:
   4 · 7 = 28 (ohne Beachtung des Kommas)
   Dann zählen wir die Dezimalstellen ab: eine Dezimalstelle von 0,4 und eine Dezimalstelle von 0,7, also hat das Ergebnis zwei Dezimalstellen.
   0,4 · 0,7 = 0,28

2. Wir multiplizieren 31,5 und 7,28, indem wir $315 \cdot 728$ berechnen und dann die Kommastellen abzählen: das Ergebnis muss $1 + 2 = 3$ Dezimalstellen haben.

$$\begin{array}{l}
\underline{31{,}5 \cdot 7{,}28} = 229{,}320 \\
\quad 2205 \\
\qquad 630 \\
\qquad \underline{\overset{}{2\underset{1}{5}}\,20} \\
\quad \underline{2293\,20}
\end{array}$$

Die letzte Null können wir später im Ergebnis auch weglassen (kürzen), sie ist aber vorerst zur Kommasetzung wichtig.

3. Auch das Ergebnis von $3{,}15 \cdot 72{,}8$ hat 3 Dezimalstellen.

$$\begin{array}{l}
\underline{3{,}15 \cdot 72{,}8} = 229{,}320 \\
\quad 2205 \\
\qquad 630 \\
\qquad \underline{2\underset{1}{5}2\,0} \\
\quad \underline{22932\,0}
\end{array}$$

Die Ergebnisse der Beispiele 2 und 3 stimmen nicht nur zufällig überein, denn die Ziffernfolge der Faktoren ist jeweils gleich und in beiden Faktoren kommen zusammen auch jeweils gleich viele Dezimalstellen vor. Wir merken uns:

Das Produkt ändert sich nicht, wenn man bei den Faktoren das Komma um gleich viele Stellen in entgegengesetzter Richtung verschiebt. Man nennt dies **gegensinnige Kommaverschiebung**.

Wenn du das weißt, kannst du oft vorteilhaft rechnen.
Auch die Multiplikation mit 10, 100, 1000 usw. ist einfach. Bei den natürlichen Zahlen brauchst du hier nur die entsprechenden Nullen anhängen. Jetzt gilt für die Dezimalzahlen:

Bei der Multiplikation einer Dezimalzahl mit 10, 100, 1000, ... rückt das Komma so viele Stellen **nach rechts**, wie Nullen im Faktor 10, 100, 1000, ... vorhanden sind.

Beispiele

1. $3{,}15 \cdot 10 = 31{,}5$
2. $2{,}8 \cdot 1\,000 = 2{,}8000 \cdot 1\,000 = 2\,800$
3. Die Aufgabe $0{,}3 \cdot 120$ lösen wir durch gegensinnige Kommaverschiebung:

   $0{,}3 \cdot 120{,}0 = 3 \cdot 12 = 36$

   (1 Stelle nach rechts) (1 Stelle nach links)

4. $0{,}06 \cdot 40 = 0{,}6 \cdot 4 = 2{,}4$
   Wir rechnen $6 \cdot 4 = 24$ und berücksichtigen eine Dezimalstelle.

Aufgaben

82. Multipliziere jeweils mit 10; 100; 1 000; 0,1; 0,01; 0,001.

a) 297,153
b) 21,95
c) 0,739
d) 12

83. Finde eine Regel für die Multiplikation mit 0,1; 0,01; 0,001; ... und formuliere sie in einem Satz.

84. Berechne im Kopf.

a) $0{,}8 \cdot 30$
b) $1{,}7 \cdot 50$
c) $0{,}25 \cdot 200$
d) $2 \cdot 0{,}18$
e) $0{,}11 \cdot 800$
f) $12{,}5 \cdot 20$
g) $0{,}5 \cdot 0{,}5$
h) $3{,}2 \cdot 0{,}2$

85. Berechne.

a) $72{,}4 \cdot 12{,}9$
b) $0{,}42 \cdot 1{,}37$
c) $99{,}9 \cdot 7{,}77$
d) $0{,}024 \cdot 0{,}031$
e) $27{,}9 \cdot 0{,}42$
f) $33{,}3 \cdot 0{,}444$
g) $2{,}5 \cdot 1{,}2 \cdot 0{,}75$
h) $1{,}72 \cdot 0{,}85 \cdot 13$

Wie schon bei der Addition von Dezimalbrüchen und beim Rechnen mit gemeinen Brüchen können wir auch bei der Multiplikation wieder das Assoziativ- und Kommutativgesetz anwenden.

Beispiel

$$\begin{aligned} 0{,}2 \cdot 8{,}72 \cdot 50 &= 0{,}2 \cdot 50 \cdot 8{,}72 \\ &= (0{,}2 \cdot 50) \cdot 8{,}72 \\ &= (2 \cdot 5) \cdot 8{,}72 \\ &= 10 \cdot 8{,}72 = 87{,}2 \end{aligned}$$

Durch das Assoziativ-, das Kommutativgesetz und die gegensinnige Kommaverschiebung können wir hier vorteilhaft rechnen.

Aufgabe

86. Berechne, wenn möglich, vorteilhaft.

a) $0{,}008 \cdot 700$	b) $12{,}5 \cdot 0{,}8$
c) $0{,}024 \cdot 1\,000$	d) $0{,}01 \cdot 600$
e) $0{,}1 \cdot 9{,}5$	f) $1{,}06 \cdot 5$
g) $0{,}85 \cdot 1{,}25 \cdot 80$	h) $1{,}3 \cdot 0{,}05 \cdot 200$
i) $0{,}03 \cdot 10\,000$	j) $65\,000 \cdot 0{,}001$
k) $400 \cdot 0{,}2 \cdot 0{,}25 \cdot 0{,}05$	l) $1{,}25 \cdot 0{,}75 \cdot 40 \cdot 80$

3.6 Division von Dezimalbrüchen

Beginnen wir unsere Überlegungen wieder bei der Division durch natürliche Zahlen.

Bei der Division durch 10, 100, 1 000, ... wird das Komma im Dividenden um so viele Stellen **nach links** verschoben, wie 10, 100, 1 000, ... Nullen besitzen.

Beispiele

1. 13,2 : 10 = 1,32
2. 0,24 : 100 = 0,0024
3. 96 : 1 000 = 00096,000 : 1000 = 0,096

Soll durch eine andere natürliche Zahl dividiert werden, gehen wir im Prinzip wie bei der Division in den natürlichen Zahlen vor. Wir beachten dabei aber, wann wir das Komma zu setzen haben. Du kannst dein Ergebnis überprüfen, wenn du einen Überschlag oder die Probe über die Umkehroperation (Multiplikation) machst.

Beispiele

1. 53,7 : 6 = 8,95
   - 48
   57
   - 54
   30
   - 30
   0

   Wird die 1. Zahl nach dem Komma „nach unten gezogen", wird im Ergebnis das Komma gesetzt.

   Hinter die letzte Ziffer (7) darfst du beliebig viele Nullen anhängen.

   Überschlag: 54 : 6 = 9

   Probe: 8,95 · 6
   35,70 = 35,7

2. 5,16 : 8 = 0,645
   - 0
   51
   - 48
   36
   - 32
   40
   - 40
   0

   0, weil 8 > 5

   Überschlag: $4 : 8 = \frac{4}{8} = \frac{1}{2} = 0{,}5$

   Probe: 0,645 · 8
   5,160 = 5,16

Aufgaben

87. Dividiere jeweils durch 10, 100 und 1 000.

a) 234,5 b) 1 111,11

c) 27,9 d) 8,34

88. Berechne und vergleiche die Ergebnisse.

a) (1) 3241,5 : 1 000
(2) 324,15 : 100
(3) 32,415 : 10

b) (1) 2,468 : 2
(2) 24,68 : 20
(3) 246,8 : 200

89. Berechne und fertige Überschlag und Probe an.

a) 56,7 : 9 b) 12,3 : 6

c) 2,32 : 4 d) 1,86 : 3

e) 62,59 : 11 f) 2,247 : 7

g) 3,084 : 8 h) 53,4 : 12

Bei der Multiplikation zweier Dezimalbrüche stellten wir fest, dass sich das Ergebnis nicht ändert, wenn wir bei den Faktoren das Komma um gleich viele Stellen in entgegengesetzter Richtung verschieben. Bei der Division gilt aber genau entgegengesetzt:

Der Quotient ändert sich nicht, wenn bei Dividend und Divisor das Komma um gleich viele Stellen in die gleiche Richtung verschoben wird. Man nennt dies **gleichsinnige Kommaverschiebung**.

Diese Eigenschaft nutzen wir nun bei der **Division von Dezimalbrüchen** aus.

Ist der Divisor ein Dezimalbruch, formt man durch gleichsinnige Kommaverschiebung zunächst so um, dass man **durch eine natürliche Zahl dividieren** kann.

Beispiele

1. 1,488 : 0,4 wird umgeformt

14,88 : 4 = 3,72
– 12
28
– 28
08
– 8
0

1,488 : 0,4 = 3,72

Überschlag: 16 : 4 = 4

Probe: 3,72 · 0,4
1,488

2. 28 : 0,448 wird umgeformt

28000 : 448 = 62,5
– 2688
1120
– 896
2240
– 2240
0

Komma setzen, wenn du eine zusätzliche Null verwendest.

28 : 0,448 = 62,5

Überschlag: 30 : 0,5 = 60

Probe: 62,5 · 0,448
2500
2500
5000
28,0000 = 28

Aufgabe

90. Berechne und fertige Überschlag und Probe an.

a) 1,44 : 3,6
b) 3,45 : 1,5
c) 4,8 : 0,016
d) 3,816 : 0,24
e) 7,48 : 3,4
f) 7,35 : 0,12
g) 2,75 : 0,64
h) 5,18028 : 0,24

Nun kann es bei einer solchen Division aber auch passieren, dass die Division kein Ende hat. Das Ergebnis ist dann ein **unendlicher Dezimalbruch**. Ab einer bestimmten Stelle wiederholen sich die Reste, sodass du unendlich viele Ziffern beim Ergebnis anfügen müsstest. Wir nennen dies einen **periodischen Dezimalbruch** und kennzeichnen die sich wiederholende(n) Zahl(en) mit einem Querstrich über der Ziffer oder über den Ziffern. Das Ergebnis können wir dann auch nach den Rundungsregeln runden.

Beispiele

1. $0{,}26 : 0{,}3 = 2{,}6 : 3 = 0{,}866\ldots$

$$\begin{array}{r} 2{,}6 \\ \underline{-0} \\ 26 \\ \underline{-24} \\ 20 \\ \underline{-18} \\ 20 \\ \underline{-18} \\ 2 \end{array}$$

Der Rest 2 wiederholt sich ständig. Also: $0{,}866\ldots = 0{,}8\overline{6} \approx 0{,}87$

2. $3{,}88 : 5{,}4 = 38{,}8 : 54 = 0{,}7185185\ldots$

$$\begin{array}{r} 38{,}8 \\ \underline{-00} \\ 388 \\ \underline{-378} \\ 100 \\ \underline{-54} \\ 460 \\ \underline{-432} \\ 280 \\ \underline{-270} \\ 100 \\ \underline{-54} \\ 460 \\ \underline{-432} \\ 280 \\ \underline{-270} \\ 100 \end{array}$$

Die Periodizität erkennst du am gleichen Rest.

$3{,}88 : 5{,}4 = 0{,}7\overline{185} \approx 0{,}72$

Wir merken uns:

Jeder Bruch $\frac{a}{b}$ (oder jede Division a : b) lässt sich durch einen **endlichen oder** durch einen **periodischen** Dezimalbruch darstellen.

Aufgaben

91. Berechne und gib das Ergebnis als periodischen Dezimalbruch und auf Hundertstel gerundet an.

a) 0,34 : 0,7
b) 3,24 : 0,11
c) 6,58 : 0,3
d) 6,513 : 2,7
e) 365 : 0,9
f) 0,0256 : 0,03
g) 3,79 : 0,15
h) 6,548 : 1,3

92. Begründe, dass sich jeder Bruch durch einen endlichen oder periodischen Dezimalbruch darstellen lässt.

3.7 Verbindung der Grundrechenarten

Bevor wir nun Beispiele und Aufgaben lösen, bei denen wir auch mehrere Rechenoperationen mit Dezimalbrüchen ausführen müssen, solltest du dir noch einmal alle bekannten Rechenregeln und Besonderheiten überlegen. Zur Erinnerung kannst du auf der Seite 51 nachblättern, denn die Regeln gelten ja unabhängig davon, ob du mit Bruchzahlen oder Dezimalbrüchen rechnest. Mithilfe der Regeln kannst du oft vorteilhafter rechnen. Beachte aber auch hier immer, dass Punkt- vor Strichrechnen geht und du zuerst die Klammern berechnen musst.

Beispiele

1. $33{,}2 - (4{,}5 : 15 + 1{,}6 \cdot 0{,}25) + 2{,}5 = 33{,}2 - (0{,}3 + 0{,}4) + 2{,}5$
$= 33{,}2 - 0{,}7 + 2{,}5$
$= 35{,}7 - 0{,}7$
$= 35$

schriftliche Nebenrechnungen:

```
 4,5 : 15 = 0,3        1,6 · 0,25
-0                     ----------
---                    00
 45                     32
-45                      80
---                    ----------
  0                    0,400
```

2. $(3{,}156 - 1{,}96 - 0{,}34 + 0{,}35) : 0{,}8 = 1{,}206 : 0{,}8 = 1{,}5075$

Nebenrechnungen:

```
  3,156         1,96          3,506
+ 0,350       + 0,34        - 2,300
    1           1 1
-------       ------        -------
  3,506         2,30          1,206
```

```
1,206 : 0,8 = 12,06 : 8 = 1,5075
             -8
             --
              40
             -40
             ---
               06
              -00
              ---
               60
              -56
              ---
                40
               -40
               ---
                 0
```

3. $25{,}9 : 0{,}17 + 7{,}65 \approx 160{,}00$

Nebenrechnungen:

$$
\begin{array}{l}
25{,}9 : 0{,}17 = 2590 : 17 = 152{,}3529\ldots \\
\underline{-17} \\
\ \ 89 \\
\underline{-85} \\
\ \ \ 40 \\
\underline{-34} \\
\ \ \ \ 60 \\
\underline{-51} \\
\ \ \ \ \ 90 \\
\underline{-85} \\
\ \ \ \ \ \ 50 \\
\underline{-34} \\
\ \ \ \ \ \ 160 \\
\underline{-153} \\
\ \ \ \ \ \ \ \ 7\ldots
\end{array}
\qquad
\begin{array}{r}
152{,}35 \\
+\ \ 7{,}65 \\
\hline
160{,}00
\end{array}
$$

$25{,}9 : 0{,}17 \approx 152{,}35$ (Hier rundest du auf Hundertstel, weil die anderen Dezimalzahlen auch nur Zehntel bzw. Hundertstel besitzen.)

4. $1{,}78 \cdot 6{,}5 + 3{,}5 \cdot 1{,}78 = 1{,}78 \cdot (6{,}5 + 3{,}5) = 1{,}78 \cdot 10 = 17{,}8$

5. $$\begin{aligned} 1{,}3 \cdot 9{,}9 &= 1{,}3 \cdot (10 - 0{,}1) \\ &= 1{,}3 \cdot 10 - 1{,}3 \cdot 0{,}1 \\ &= 13 - 0{,}13 \\ &= 12{,}87 \end{aligned}$$

Aufgaben

93. Berechne vorteilhaft (im Kopf).

a) $4{,}6 \cdot 1{,}4 + 4{,}6 \cdot 0{,}6$

b) $0{,}8 \cdot 3{,}3 - 0{,}8 \cdot 0{,}8$

c) $9{,}9 \cdot 2{,}1$

d) $2{,}5 \cdot 0{,}8 \cdot 0{,}4$

e) $0{,}5 \cdot 2{,}8 \cdot 0{,}02$

f) $0{,}24 : 0{,}03$

94. Berechne und runde die Ergebnisse gegebenenfalls auf Zehntel.

a	b	c	(a – b) + c	b · c	a : c	a · b + c	a · (b + c)
3,4	1,7	0,5					
18,5	12,3	2,6					
0,75	0,5	1,8					
4,5	3	8,2					

95. Silbenrätsel

AS – BRUCH – DE – ER – GE – GE – GLEICH – HAUPT – KOM – KÜR – LER – MAL – MIG – MU – NA – NEN – NEN – NER – NER – SETZ – SETZ – SO – TA – TEL – TERN – TIV – TIV – WEI – ZÄH – ZEHN – ZEN – ZI – ZIA

a) ____

(Zahl über dem Bruchstrich)

b) ____

(1. Stelle nach dem Komma)

c) ____

(Gesetz, das besagt, dass man Faktoren vertauschen darf)

d) ____

(Zähler und Nenner mit der gleichen Zahl multiplizieren)

e) ____

(Dezimalbrüche mit gleich vielen Kommastellen sind ...)

f) ____

(Zahl unter dem Bruchstrich)

g) ____

(Zahl mit Komma)

h) ____

(Gesetz, das besagt, dass man in Summen Klammern beliebig setzen darf)

i) ____

(das kleinste gemeinsame Vielfache von Nennern gegebener Brüche)

j) ____

(Zähler und Nenner durch die gleiche Zahl dividieren)

96. Schneide zuerst die Puzzleteile auf Seite 83 aus. Berechne dann die Aufgaben auf Seite 82 möglichst vorteilhaft. Suche zu jeder Aufgabe das Puzzleteil mit der richtigen Lösung und lege es auf das Aufgabenfeld. Wenn du richtig gerechnet hast, ergibt sich das Bild eines Tieres.

$0{,}7 \cdot 4{,}2 + 0{,}7 \cdot 3{,}8$	$1{,}3 \cdot 2{,}5 + 2{,}7 \cdot 2{,}5$	$32{,}7 \cdot 1{,}2 - 1{,}2 \cdot 12{,}7$	$12{,}7 \cdot 10$	$3{,}75 \cdot 20$
$50 \cdot 0{,}12$	$2{,}5 \cdot 9{,}5 - 9{,}5 \cdot 2{,}4$	$1{,}06 \cdot 2{,}5 \cdot 2$	$6 \cdot 0{,}04$	$0{,}025 \cdot 9 \cdot 40$
$21{,}25 : 0{,}25$	$84{,}5 : 6{,}5$	$765 : 2{,}55$	$1\,000 \cdot 0{,}003$	$0{,}01 \cdot 650$
$1{,}2 \cdot 12{,}4 + 125{,}3 \cdot 0{,}4$	$(5{,}12 : 0{,}64) \cdot 0{,}125$	$(24 \cdot 2{,}5) \cdot (37{,}5 : 0{,}75)$	$2{,}5 \cdot 1{,}2 + 0{,}625 \cdot 1{,}6$	$5{,}4 \cdot 3{,}5 - 4{,}06 : 1{,}4$

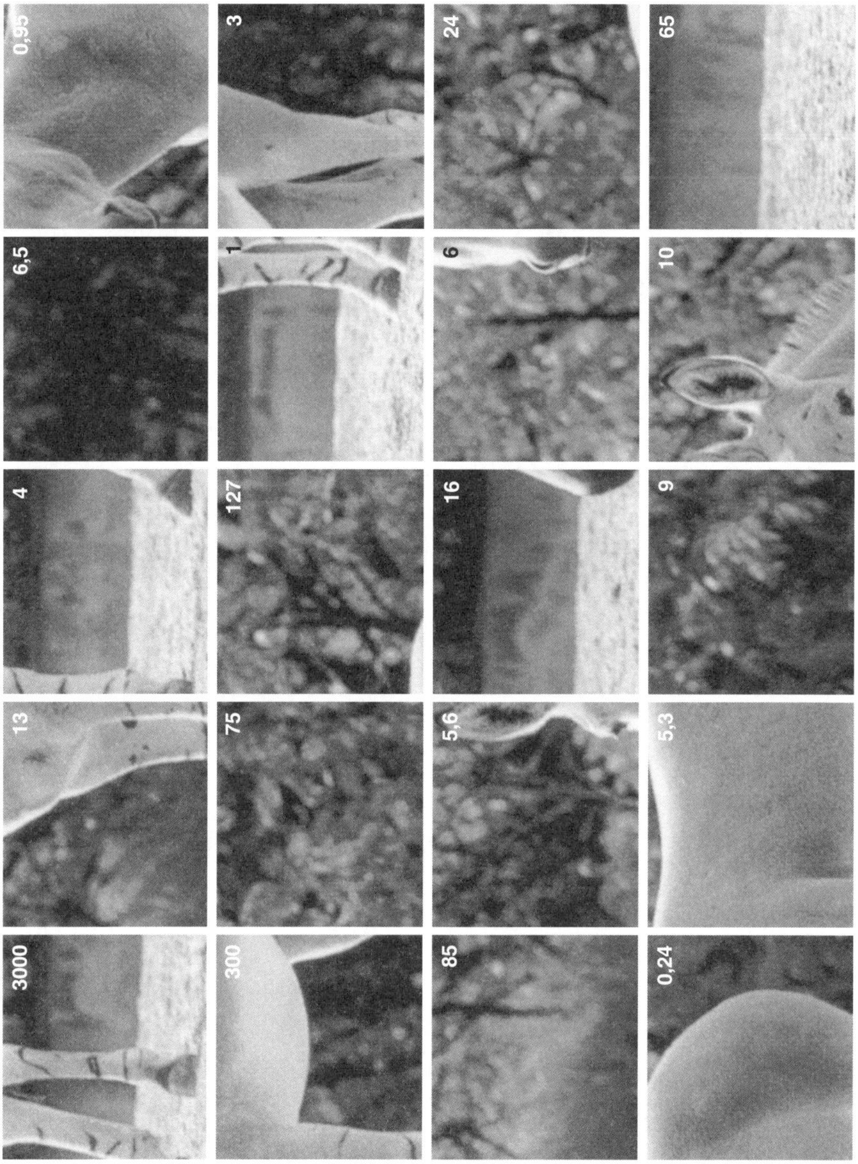
0,95
6,5
4
13
3000
3
1
127
75
300
24
6
16
5,6
85
65
10
9
5,3
0,24

4 Bruchzahlen und Dezimalbrüche

Susi und Andreas wollen ihren Eltern eine Freude machen und beschließen, für das Abendessen Pizza zu backen. Weil der Hefeteig noch aufgehen muss, beginnen sie schon zeitig mit dem Zurechtstellen der Zutaten. Unter anderem steht auf dem Teigrezept $\frac{3}{8}\,\ell$ Wasser. Andreas nimmt den Messbecher und zögert für einen Moment, denn er findet darauf nur die Angaben 0,1 ℓ; 0,2 ℓ; 0,25 ℓ usw. Susi bemerkt sein Zögern und zusammen überlegen sich die Kinder: 1 ℓ Wasser sind 1 000 ml. $\frac{1}{2}\,\ell$ hat dann 500 ml, ist also 0,5 ℓ. $\frac{1}{4}\,\ell$ ist davon die Hälfte, nämlich 0,25 ℓ und $\frac{1}{8}\,\ell$ ist wieder die Hälfte: 0,125 ℓ. „Jetzt weiß ich's," ruft Andreas, „$\frac{3}{8}\,\ell$ Wasser ist dann das Dreifache: 0,375 ℓ." Nun kann das Pizzabacken also beginnen.

4.1 Umwandeln von Dezimalbrüchen in Bruchzahlen

Dezimalbrüche können wir schon in gemeine Brüche mit dem Nenner 10, 100, 1000 usw. umwandeln. Erinnern wir uns noch einmal: Die 1. Stelle nach dem Komma sind die Zehntel, die 2. Stelle nach dem Komma sind die Hundertstel, die 3. Stelle nach dem Komma sind die Tausendstel usw. Wenn es möglich ist, kürzen wir den so erhaltenen Bruch dann noch.

Beispiele

1. $0{,}7 = \frac{7}{10}$
   ↓
   Zehntel

2. $1{,}75 = \frac{175}{100}^{\,:25} = \frac{7}{4} = 1\frac{3}{4}$ oder $1{,}75 = 1\frac{75}{100} = 1\frac{3}{4}$
   ↓
   Hundertstel

3. $0{,}358 = \frac{358}{1000} \overset{:2}{=} \frac{179}{500}$

Tausendstel

In den Beispielen haben wir bisher nur endliche Dezimalbrüche umgewandelt. Wie du aber schon weißt, gibt es auch periodische Dezimalbrüche. Manchmal kannst du recht einfach sehen, durch welche Division ein solcher periodischer Dezimalbruch entstanden ist. Aber auch wenn du das nicht gleich erkennst, kannst du alle periodischen Dezimalbrüche in Bruchzahlen umwandeln, wenn du dir Folgendes merkst:

Für die Umwandlung von **periodischen Dezimalbrüchen in Bruchzahlen** gilt:

$$0{,}\overline{1} = 1:9 = \frac{1}{9}$$

$$0{,}\overline{01} = 1:99 = \frac{1}{99}$$

$$0{,}\overline{001} = 1:999 = \frac{1}{999} \quad \text{usw.}$$

Sehen wir uns nun einige Beispiele an, wie du periodische Dezimalbrüche in gemeine Brüche umwandelst.

Beispiele

1. Wir überlegen uns für $0{,}\overline{4}$:

   $$0{,}\overline{4} = 4 \cdot 0{,}\overline{1} = 4 \cdot \frac{1}{9} = \frac{4}{9}$$

   und auf einen Blick erkennen wir nun auch, dass $0{,}\overline{8} = \frac{8}{9}$

2. Genauso überlegen wir für $0{,}\overline{12}$:

   $$0{,}\overline{12} = 12 \cdot 0{,}\overline{01} = 12 \cdot \frac{1}{99} = \frac{12}{99} = \frac{4}{33}$$

   und sehen sofort

   $$0{,}\overline{27} = \frac{27}{99} = \frac{3}{11}$$

3. Für gemischte Zahlen überlegen wir uns:

   $$2{,}\overline{7} = 2\frac{7}{9} = \frac{25}{9}$$

Aufgaben

97. Wandle in eine vollständig gekürzte Bruchzahl um.

a) 0,4 b) 0,12

c) 1,25 d) 2,104

e) 0,03 f) 2,04

g) 0,000032 h) 0,01055

98. Wandle in eine Bruchzahl um und kürze vollständig.

a) $0,\overline{6}$ b) $0,\overline{05}$

c) $2,\overline{5}$ d) $11,\overline{7}$

e) $0,\overline{60}$ f) $0,\overline{45}$

g) $0,0\overline{4}$ h) $0,\overline{04}$

99. Gib den zugehörigen periodischen Dezimalbruch an.

a) $\frac{1}{9}$ b) $\frac{5}{9}$

c) $\frac{1}{3}$ d) $\frac{2}{3}$

e) $\frac{5}{11}$ f) $\frac{2}{33}$

g) $\frac{26}{9}$ h) $\frac{11}{6}$

4.2 Umwandeln von Bruchzahlen in Dezimalbrüche

Da wir jeden endlichen Dezimalbruch als Bruchzahl mit dem Nenner 10, 100, ... schreiben können, ist es nun auch einfach, einen solchen Bruch in eine Dezimalzahl umzuwandeln. Andere Brüche müssen wir erst erweitern oder kürzen, damit sie als Nenner 10, 100, 1 000, ... haben.

Beispiele

1. Die folgenden Umwandlungen können wir sofort vornehmen.

$$\frac{19}{100} = 0{,}19$$

$$2\frac{7}{10} = 2{,}7$$

2. Diese Brüche müssen wir erst geeignet erweitern oder kürzen.

$$\frac{1}{2}^{\cdot 5} = \frac{5}{10} = 0{,}5$$

$$\frac{8}{400}^{:4} = \frac{2}{100} = 0{,}02$$

$$\frac{5}{4}^{\cdot 25} = \frac{125}{100} = 1{,}25$$

Aufgabe

100. Wandle in einen Dezimalbruch um.

a) $\frac{5}{100}$
b) $\frac{3}{10}$
c) $\frac{25}{100}$
d) $\frac{37}{1000}$
e) $1\frac{9}{10}$
f) $\frac{634}{100}$
g) $\frac{8}{25}$
h) $\frac{3}{5}$
i) $\frac{5}{8}$
j) $\frac{6}{300}$

Folgende Umformungen solltest du dir einprägen, da du sie häufig benötigen wirst:

$\frac{1}{2}=0,5$	$\frac{1}{5}=0,2$	$\frac{1}{8}=0,125$
$\frac{1}{4}=0,25$	$\frac{1}{10}=0,1$	$\frac{3}{8}=0,375$
$\frac{3}{4}=0,75$	$\frac{1}{20}=0,05$	$\frac{1}{100}=0,01$

Das Verfahren zur Umwandlung einer Bruchzahl in einen Dezimalbruch, bei dem wir den Bruch auf den Nenner 10, 100, ... erweitern oder kürzen, gelingt uns aber nur, wenn der Nenner des gekürzten Bruches ausschließlich die Primfaktoren 2 und/oder 5 enthält. Brüche mit anderen Nennern lassen sich nach diesem Verfahren nicht umwandeln. Du erinnerst dich aber, dass wir einen Bruch ja auch als Ergebnis einer Division verstehen können, bei der der Zähler des Bruches der Dividend und der Nenner der Divisor ist. Das führt uns zu einem Verfahren, mit dem wir jede beliebige Bruchzahl in einen Dezimalbruch umwandeln können:

Man kann eine Bruchzahl in einen Dezimalbruch umwandeln, indem man den **Zähler durch den Nenner dividiert**.

Das Ergebnis dieser Division kann, wie du weißt, ein endlicher oder ein periodischer Dezimalbruch sein.

Beispiele

1. $\frac{2}{5}=0,4$

   Nebenrechnung:
   $$\begin{array}{l} 2:5=0,4 \\ \underline{-0} \\ \;20 \\ \underline{-20} \\ \;\;0 \end{array}$$

2. $1\frac{3}{11}=1,\overline{27}$

   Nebenrechnung:
   $$\begin{array}{l} 3:11=0,272\ldots \\ \underline{-0} \\ \;30 \\ \underline{-22} \\ \;\;80 \\ \;\underline{-77} \\ \;\;\;30\ldots \end{array}$$

3. $\frac{2}{7} = 0,\overline{285714}$

Nebenrechnung:

$$\begin{array}{l} 2:7 = 0,2857142\ldots \\ \underline{-0} \\ \;20 \\ \underline{-14} \\ \;\;60 \\ \;\underline{-56} \\ \;\;\;40 \\ \;\;\underline{-35} \\ \;\;\;\;50 \\ \;\;\;\underline{-49} \\ \;\;\;\;\;10 \\ \;\;\;\;\underline{-\;7} \\ \;\;\;\;\;\;30 \\ \;\;\;\;\;\underline{-28} \\ \;\;\;\;\;\;\;20\ldots \end{array}$$

Aufgaben

101. Wandle durch Division in einen Dezimalbruch um.

a) $\frac{2}{9}$ b) $\frac{4}{5}$

c) $\frac{5}{7}$ d) $\frac{2}{3}$

e) $\frac{9}{4}$ f) $\frac{17}{20}$

g) $\frac{9}{25}$ h) $\frac{21}{11}$

102. Entscheide ohne Rechnung, ob bei der Umwandlung ein endlicher oder ein periodischer Dezimalbruch entsteht.

a) $\frac{11}{4}$ b) $\frac{5}{2}$

c) $\frac{2}{3}$ d) $\frac{3}{7}$

e) $\frac{9}{11}$ f) $\frac{17}{25}$

g) $1\frac{5}{6}$ h) $2\frac{13}{15}$

103. Schreibe, ohne zu dividieren, als Dezimalbruch.

a) $\frac{7}{9}$ b) $\frac{13}{99}$

c) $\frac{8}{99}$ d) $\frac{143}{999}$

e) $\frac{123}{99}$ f) $\frac{265}{99}$

104. Ordne, beginne jeweils mit der kleinsten Zahl.

a) $0{,}3;\ 0{,}03;\ 0{,}\overline{3};\ 0{,}\overline{30};\ 0{,}32;\ 0{,}\overline{32}$

b) $\frac{1}{6};\ 0{,}16;\ 0{,}1\overline{6};\ 0{,}\overline{16};\ \frac{9}{60};\ \frac{99}{600}$

105. Welche Zahl gehört nicht in das Kästchen?

$\frac{1}{2}$	$0{,}5$
$\frac{4}{8}$	
$0{,}\overline{5}$	$0{,}50$

$\frac{1}{3}$	$\frac{3}{10}$
$0{,}3$	
$0{,}30$	$\frac{12}{40}$

$0{,}1\overline{6}$	$\frac{1}{6}$
$0{,}\overline{16}$	
$\frac{3}{18}$	$\frac{2}{12}$

4.3 Rechnen mit Bruchzahlen und Dezimalbrüchen

Wenn du Aufgaben lösen willst, die sowohl Bruchzahlen als auch Dezimalbrüche beinhalten, kannst du entweder alle Brüche in Bruchzahlen oder aber alle in Dezimalbrüche umwandeln und dann wie bisher rechnen. Meist kannst du selbst entscheiden, welchen Lösungsweg du gehen willst. Manchmal ist es einfacher, alles in gemeine Brüche umzurechnen, andererseits bietet auch das Rechnen mit Dezimalbrüchen Vorteile. So brauchst du beim Addieren und Subtrahieren z. B. nicht erst einen Hauptnenner zu suchen. Wenn periodische Dezimalbrüche auftreten, ist die Rechnung mit Bruchzahlen aber immer genauer.

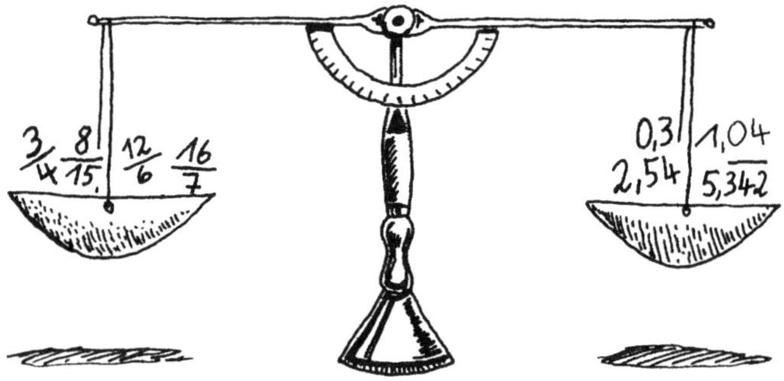

Wenn du selbst entscheiden kannst, ob du mit Bruchzahlen oder Dezimalbrüchen rechnest, wirst du die Vor- und Nachteile abwägen, die das Rechnen mit Bruchzahlen oder Dezimalbrüchen mit sich bringt.

Beispiele

1. $$\frac{23}{100}+\frac{17}{50}+0{,}78-0{,}472 = 0{,}23+0{,}34+0{,}78-0{,}472$$
$$= 1{,}35-0{,}472$$
$$= 0{,}878$$
Hier lassen sich die Bruchzahlen schnell in Dezimalbrüche umrechnen.

2. $$0{,}75+\frac{2}{7}-\frac{11}{14} = \frac{3}{4}+\frac{2}{7}-\frac{11}{14}$$
$$= \frac{21+8-22}{28} = \frac{7}{28} = \frac{1}{4}$$
Beim Umwandeln in Dezimalbrüche und dem Berechnen müsste man runden, da es sich um periodische Dezimalzahlen handelt. Hier rechnest du besser mit gemeinen Brüchen.

Aufgaben

106. Berechne möglichst vorteilhaft.

a) $1,\overline{3}\cdot\frac{9}{4}$

b) $\frac{3}{2}\cdot 0,75\cdot\frac{8}{9}$

c) $12\cdot\frac{3}{4}+0,5\cdot 3,6$

d) $0,25+\frac{3}{8}+\frac{1}{2}-0,2$

e) $3\frac{1}{2}\cdot 0,6+4,2:\frac{3}{4}$

f) $\frac{5}{6}-0,\overline{3}+2,1\overline{6}-\frac{4}{9}$

107. Berechne. Runde bei Dezimalzahlen auf Hundertstel.

a	b	c	(a + b) · c	a · (b – c)	a · b · c	a :(b : c)
$\frac{1}{2}$	$\frac{1}{4}$	$\frac{1}{6}$				
0,2	1,7	$\frac{4}{5}$				
$\frac{3}{5}$	0,25	$\frac{1}{9}$				
$0,\overline{2}$	$0,\overline{72}$	$0,1\overline{6}$				

5 Anwendungen

5.1 Gleichungen und Ungleichungen

Vom Rechnen mit natürlichen Zahlen kennst du bereits Möglichkeiten, wie man Gleichungen oder Ungleichungen lösen kann.

Eine Möglichkeit ist das Probieren von Lösungen, was im Bereich der gebrochenen Zahlen allerdings oft schwierig durchzuführen ist. Eine andere Möglichkeit ist das inhaltliche Lösen oder systematische Überlegen, wie du zur Lösung kommen kannst. Die Aufgaben können aber auch recht schwierig sein. Dann finden wir die Lösung meist viel schneller, wenn wir die Gleichungen vereinfachen oder mithilfe der Umkehroperationen umformen. Du erinnerst dich: Die Umkehroperation zur Addition ist die Subtraktion, die zur Multiplikation die Division und umgekehrt.

Beispiele

1. Wir lösen die Gleichung $x \cdot \frac{1}{3} = \frac{3}{4}$.

   Solche Gleichungen haben wir im Kapitel 2 schon durch systematisches Überlegen gelöst. Mithilfe der Umkehroperation ermitteln wir die Lösung aber einfacher. Auf der linken Seite der Gleichung (der Seite mit x) steht der Faktor $\frac{1}{3}$, also dividieren wir durch diesen Faktor.

   $x \cdot \frac{1}{3} = \frac{3}{4} \qquad | : \frac{1}{3}$ (beide Seiten durch $\frac{1}{3}$ dividieren)

   $x = \frac{3}{4} : \frac{1}{3} = \frac{3 \cdot 3}{4 \cdot 1} = \frac{9}{4}$

   Die Probe wird stets in der Ausgangsgleichung durchgeführt:

   $\frac{1}{3} \cdot \frac{9}{4} = \frac{1 \cdot \cancel{9}^{3}}{{}_{1}\cancel{3} \cdot 4} = \frac{3}{4}$ wahre Aussage, also

   $L = \left\{\frac{9}{4}\right\} = \left\{2\frac{1}{4}\right\}$

2. $x + \frac{1}{3} = \frac{3}{4} \qquad \left| -\frac{1}{3} \right.$ (auf beiden Seiten $\frac{1}{3}$ subtrahieren)

$$x = \frac{3}{4} - \frac{1}{3} = \frac{9-4}{12} = \frac{5}{12}$$

Probe: $\frac{5}{12} + \frac{1}{3} = \frac{5+4}{12} = \frac{\cancel{9}^{\,3}}{{}_{4}\cancel{12}} = \frac{3}{4}$ wahre Aussage, also

$$L = \left\{ \frac{5}{12} \right\}$$

3. $x - \frac{1}{2} = \frac{1}{6} \qquad \left| +\frac{1}{2} \right.$ (auf beiden Seiten $\frac{1}{2}$ addieren)

$$x = \frac{1}{6} + \frac{1}{2} = \frac{1+3}{6} = \frac{\cancel{4}^{\,2}}{{}_{3}\cancel{6}} = \frac{2}{3}$$

Probe: $\frac{2}{3} - \frac{1}{2} = \frac{4-3}{6} = \frac{1}{6}$ wahre Aussage, also

$$L = \left\{ \frac{2}{3} \right\}$$

4. $x : \frac{1}{3} = \frac{6}{7} \qquad \left| \cdot \frac{1}{3} \right.$ (beide Seiten mit $\frac{1}{3}$ multiplizieren)

$$x = \frac{6}{7} \cdot \frac{1}{3} = \frac{{}^{2}\cancel{6} \cdot 1}{7 \cdot \cancel{3}_{1}} = \frac{2}{7}$$

Probe: $\frac{2}{7} : \frac{1}{3} = \frac{2 \cdot 3}{7 \cdot 1} = \frac{6}{7}$ wahre Aussage, also

$$L = \left\{ \frac{2}{7} \right\}$$

5. $x + \underbrace{2{,}3 - 0{,}7} = \underbrace{6{,}2 - 1{,}3}$ Hier müssen wir erst zusammenfassen.

$x + \quad 1{,}6 \quad = \quad 4{,}9 \qquad | -1{,}6$

$$x = 4{,}9 - 1{,}6 = 3{,}3$$

Probe für die linke Seite: $3{,}3 + 2{,}3 - 0{,}7 = 5{,}6 - 0{,}7 = 4{,}9$
Probe für die rechte Seite: $6{,}2 - 1{,}3 = 4{,}9$
Die Ergebnisse der rechten und linken Seite sind gleich, also
$L = \{3{,}3\}$

Aufgabe

108. Bestimme jeweils die Lösungsmenge im Bereich der gebrochenen Zahlen.

a) $x \cdot \frac{1}{2} = \frac{3}{4}$

b) $x \cdot 1{,}4 = 2{,}1$

c) $x + \frac{3}{8} = \frac{7}{12}$

d) $x + 2{,}73 = 3{,}48$

e) $x - \frac{1}{5} = \frac{1}{6}$

f) $x - 3{,}175 = 4{,}8$

g) $x : \frac{10}{11} = \frac{11}{12}$

h) $x : 7{,}3 = 1{,}4$

i) $x + \frac{3}{4} - \frac{1}{6} = \frac{7}{8}$

j) $x \cdot \frac{3}{5} \cdot \frac{10}{11} = \frac{1}{11}$

Da wir Summanden und Faktoren aufgrund des Kommutativgesetzes vertauschen können, ist es egal, ob die Unbekannte x in einer Aufgabe als rechter oder linker Summand oder Faktor vorkommt. Dies gilt aber im Allgemeinen nicht für die Subtraktion oder Division. Falls du in einer Aufgabe die Unbekannte x zu subtrahieren oder durch diese Unbekannte zu teilen hast, musst du schrittweise umformen, wie du es in den folgenden Beispielen sehen kannst.

Beispiele

1. $3{,}4 - x = 2{,}5 \quad | + x$

   $3{,}4 = 2{,}5 + x$

   Du addierst auf beiden Seiten die Unbekannte und kannst dann weiter wie bisher verfahren, also 2,5 auf beiden Seiten subtrahieren.

2. $1{,}5 : x = 5{,}4 \quad | \cdot x$

   $1{,}5 = 5{,}4 \cdot x$

   Du multiplizierst beide Seiten mit der Unbekannten und brauchst dann nur noch durch 5,4 dividieren.

Aufgabe

109. Berechne x.

a) $1{,}75 - x = 0{,}83$

b) $\frac{3}{8} - x = \frac{1}{12}$

c) $2{,}45 : x = 9{,}8$

d) $\frac{5}{9} : x = \frac{7}{9}$

Mit denselben Umformungen, die wir für das Lösen von Gleichungen angewandt haben, kannst du auch Ungleichungen lösen. Eine (allerdings unvollständige) Probe von Ungleichungen führst du durch, indem du eine beliebige Zahl x, die zur Lösungsmenge gehört, einsetzt und kontrollierst, ob eine wahre Aussage entsteht. Umgekehrt wählst du eine Zahl, die nicht zur Lösungsmenge gehört und zeigst die falsche Aussage. Eine sichere Bestätigung der Lösungsmenge ist dies allerdings nicht.

Beispiel

$$\frac{3}{4} \cdot x < \frac{1}{2} \quad \Big| : \frac{3}{4}$$

$$x < \frac{1}{2} : \frac{3}{4}$$

$$x < \frac{1 \cdot \cancel{4}^{2}}{{}_{1}\cancel{2} \cdot 3}$$

$$x < \frac{2}{3}$$

Probe für $x = \frac{1}{3}$: $\frac{3}{4} \cdot \frac{1}{3} = \frac{{}^{1}\cancel{3} \cdot 1}{4 \cdot \cancel{3}_{1}} = \frac{1}{4} < \frac{1}{2}$ wahre Aussage

Probe für $x = 1$: $\frac{3}{4} \cdot 1 = \frac{3}{4} < \frac{1}{2}$ falsche Aussage, also

$$L = \left\{ x \;\middle|\; x < \frac{2}{3} \right\}$$

Ebenso, wie es Gleichungen gibt, die nicht lösbar sind, gibt es auch Ungleichungen, für die wir keine Lösung finden können. Dann sagen wir: die Lösungsmenge ist die leere Menge, L = ∅.

Beispiel

$$\frac{1}{2} - x \geq \frac{5}{8} \qquad \Big| + x$$

$$\frac{1}{2} \geq \frac{5}{8} + x \qquad \Big| - \frac{5}{8}$$

$$\frac{1}{2} - \frac{5}{8} \geq x$$

$$\frac{4-5}{8} \geq x$$

Die Ungleichung können wir im Bereich der gebrochenen Zahlen nicht lösen.
L = ∅

Aufgaben

110. Berechne x.

a) $x + \frac{9}{10} < 1$

b) $4{,}51 - x < 2{,}63$

c) $\frac{1}{2} : x > 1\frac{3}{4}$

d) $x + \frac{9}{16} \leq \frac{1}{2}$

111. Löse die folgenden Gleichungen und Ungleichungen im Bereich der gebrochenen Zahlen.

a) $4\frac{1}{2} + x = 5\frac{1}{6}$

b) $0{,}85 + x = 1{,}75$

c) $x + \frac{7}{10} - \frac{2}{3} = \frac{7}{15}$

d) $x \cdot 5{,}6 = 6{,}72$

e) $\frac{7}{8} \cdot x = \frac{9}{4}$

f) $x : \frac{5}{4} < \frac{8}{15}$

g) $4\frac{1}{4} \cdot x = 7\frac{1}{4}$

h) $5 \cdot x \leq 3{,}7 + 4{,}9$

5.2 Textaufgaben

Bevor wir das Rechnen mit gebrochenen Zahlen zum Lösen von Problemen aus dem Alltag anwenden wollen, überlegen wir uns in diesem Abschnitt zunächst, wie wir Textaufgaben analysieren. Textaufgaben sind solche Aufgaben, bei denen die Aufgabenstellung (das Berechnen eines Terms oder das Lösen von Gleichungen und Ungleichungen) als Text formuliert ist. Dieser Text ist mathematisch formuliert, also noch nicht an einen Sachverhalt aus der Praxis gebunden.
Zunächst ist es wichtig, dass du die Teile und Begriffe einzelner Rechenaufgaben in der Fachsprache beherrschst.
Für eine Subtraktion gilt zum Beispiel:

a	–	b	=	c
Minuend	–	Subtrahend	=	Differenz

Aufgaben

112. Wiederhole und notiere dir die Begriffe für die Addition, Multiplikation und Division.

113. Beschreibe, was man unter folgenden Formulierungen versteht:

a) Etwas vermehren um ...
b) Etwas vermindern um ...
c) Etwas vermehren auf ...
d) Etwas verdoppeln
e) Etwas verzehnfachen
f) Etwas vervielfachen
g) Etwas halbieren
h) Etwas vierteln

Wenn du eine Textaufgabe lösen willst, musst du zuerst den Text in einen mathematischen Ausdruck, z. B. in eine Gleichung oder Ungleichung „übersetzen“. Anschließend löst du diesen Ausdruck mit den bekannten Regeln. Bei den folgenden Textaufgaben kannst du in mehreren Schritten zum Ergebnis kommen oder die gesamte Aufgabe als eine Gleichung oder Ungleichung lösen. In den Beispielen findest du verschiedene Varianten. Zur Probe setzt du die gesuchte Zahl in den Text ein und überprüfst damit die Lösung.

Beispiele

1. Addiere zu 0,321 das Produkt aus 2,47 und 0,9.

   Lösung
   Hier ist der folgende Term zu berechnen:
   $$\underbrace{0{,}321 \;+}_{\text{„addiere“}} \;\underbrace{2{,}47 \cdot 0{,}9}_{\text{„Produkt“}}$$
   $0{,}321 + 2{,}47 \cdot 0{,}9 = 0{,}321 + 2{,}223 = 2{,}544$
   Beachte: Punkt- vor Strichrechnen!

2. Um wie viel ist die Summe der Zahlen $\frac{5}{8}$ und $\frac{1}{6}$ größer als ihre Differenz?

   Lösung
   Hier kannst du schrittweise überlegen:

   Summe: $\frac{5}{8} + \frac{1}{6} = \frac{15+4}{24} = \frac{19}{24}$

   Differenz: $\frac{5}{8} - \frac{1}{6} = \frac{15-4}{24} = \frac{11}{24}$

   Unterschied: $\frac{19}{24} - \frac{11}{24} = \frac{\not{8}^{\,1}}{\not{24}_{\,3}} = \frac{1}{3}$

   Die Summe ist also um $\frac{1}{3}$ größer als die Differenz.

3. Welche Zahl muss man durch 1,2 dividieren, damit sich als Quotient die Zahl 9,5 ergibt?

   Lösung

   Der Text lässt sich als Gleichung folgendermaßen schreiben:

   $$x \quad : \quad 1{,}2 \quad = \quad 9{,}5$$

   „gesuchte Zahl“ „dividieren“ „Quotient“ oder „Ergebnis“

   $x : 1{,}2 = 9{,}5 \qquad | \cdot 1{,}2$

   $x = 9{,}5 \cdot 1{,}2$

   $x = 11{,}4$

   NR: $9{,}5 \cdot 1{,}2$
   95
   190
   11,40

   Wenn man 11,4 durch 1,5 dividiert, erhält man 9,5.

4. Zerlege 14,4 in 2 Summanden, von denen der eine das Dreifache des anderen Summanden ist.

   Lösung

   Wenn x der eine Summand ist, muss gelten:

   $x + 3 \cdot x = 14{,}4$

   $4 \cdot x = 14{,}4 \qquad | : 4$

   $x = 3{,}6$

   NR: $14{,}4 : 4 = 3{,}6$
   -12
   24
   -24
   0

   Der 2. Summand ergibt sich mit: $3{,}6 \cdot 3 = 10{,}8$

   Die zwei Summanden sind 3,6 und 10,8.

5. Zu welcher Zahl muss man 3,7 addieren, um die Hälfte von 12,4 zu erhalten?

   Lösung

   $$x \quad + \quad 3{,}7 \quad = \quad \underbrace{\frac{1}{2} \cdot 12{,}4}$$

   „Zahl“ „addieren“ die Hälfte von 12,4

   oder: $x + 3{,}7 = \overbrace{12{,}4 : 2}$

   also: $x + 3{,}7 = 6{,}2 \qquad | -3{,}7$

   $x = 6{,}2 - 3{,}7$

   $x = 2{,}5$

   Wenn man zu 2,5 die Zahl 3,7 addiert, erhält man die Hälfte von 12,4.

Aufgaben

114. Um wie viel ist die Differenz der Zahlen 3,7 und $\frac{1}{2}$ kleiner als ihre Summe?

115. Subtrahiere 3,8 vom Produkt der Zahlen 0,25 und 21,4.

116. Multipliziere die Summe der Zahlen $\frac{3}{8}$ und $\frac{1}{6}$ mit der Differenz der Zahlen $\frac{3}{4}$ und $\frac{3}{10}$.

117. Zu welcher Zahl muss man 7,8 addieren, um das Doppelte von 24,9 zu erhalten?

118. Vermindere das Produkt von 7,3 und 0,8 um 1,9.

119. Dividiere $\frac{1}{2}$ durch das Produkt von $\frac{7}{8}$ und $\frac{3}{14}$.

120. Subtrahiere die Hälfte von 2,6 vom Produkt der Zahl 1,4 mit sich selbst.

121. Schreibe 5,4 als Differenz zweier Zahlen, von denen die erste das Vierfache der zweiten Zahl ist.

122. Das 12-fache einer Zahl ist 47,4. Welche Zahl ist es?

123. Um wie viel unterscheidet sich das Produkt der Zahlen $3\frac{2}{9}$ und $1\frac{1}{3}$ von dem Quotienten dieser Zahlen?

124. Addiert man die Hälfte und ein Drittel einer Zahl, ergibt dies 20.
Wie heißt die Zahl?

5.3 Sachaufgaben

Im Unterschied zu rein mathematischen Textaufgaben beinhalten Sachaufgaben, wie der Name schon sagt, eine Fragestellung zu einer „Sache“. Diese kann z. B. aus dem Gebiet der Physik, der Ökonomie oder dem täglichen Leben heraus stammen. Aber auch in anderen mathematischen Gebieten wie z. B. in der Geometrie oder der Wahrscheinlichkeitsrechnung benötigen wir oft unser Wissen über gebrochene Zahlen. Ein exaktes Rezept, nach dem du Sachaufgaben lösen kannst, gibt es leider nicht, denn jede Aufgabe hat ihre Eigenheiten.
Wenn du dir aber die folgende Schrittfolge einprägst, fällt es dir sicher leichter, den Zugang zu solchen Aufgaben zu finden.

Schrittfolge beim Lösen von Sachaufgaben:
- Lies den Text (notfalls mehrmals) genau durch und formuliere ihn mit deinen Worten.
- Fertige, wenn möglich, eine Skizze an.
- Notiere, was berechnet werden soll.
- Notiere, was dazu gegeben ist.
- Beachte Einheiten und forme gegebenenfalls um.
- Notiere den Sachverhalt, wenn möglich, als Term, Gleichung oder Ungleichung.
- Berechne.
- Überprüfe das Ergebnis am Text.
- Formuliere einen Antwortsatz.

Beispiele

1. Ein rechteckiges Grundstück von 32 m Breite und 43,5 m Länge soll eingezäunt werden. An einer Ecke innerhalb des Geländes steht eine Garage. Sie ist 7,75 m lang und 4,45 m breit.
   Wie viel Meter Zaun werden benötigt?

   Lösung
   Skizze

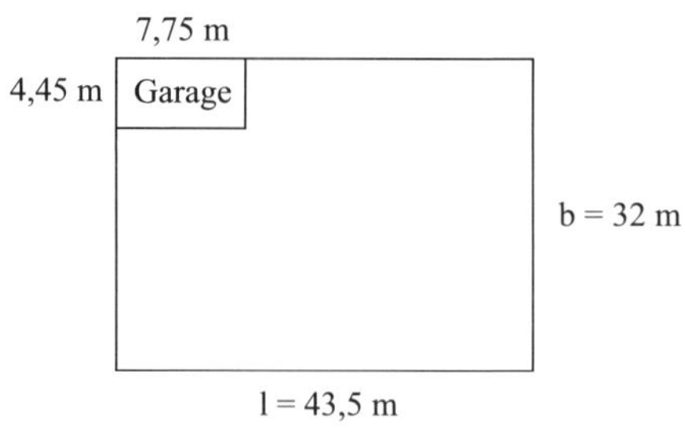

Gesucht: Länge des Zaunes
Gegeben: siehe Skizze
Einheiten: alle Angaben in Metern
Umfang des Grundstücks: $u = 2 \cdot l + 2 \cdot b$

$u = 2 \cdot 43{,}5\text{ m} + 2 \cdot 32\text{ m} = 87\text{ m} + 64\text{ m} = 151\text{ m}$

Länge und Breite der Garage abziehen:

$151\text{ m} - 4{,}45\text{ m} - 7{,}75\text{ m} = 138{,}8\text{ m}$

NR:

4,45	151,0
+ 7,75	− 12,2
12,20	138,8

Es werden 138,8 m Zaun benötigt.

2. Familie Unger hat ein monatliches Einkommen von ca. 2400 €. Davon geben sie etwa $\frac{1}{4}$ für die Miete, $\frac{1}{24}$ für Energie und $\frac{2}{5}$ für Nahrung und Kleidung aus.
   a) Welcher Bruchteil bleibt vom Einkommen übrig?
   b) Welcher Geldbetrag bleibt monatlich übrig?

   Lösung
   Gesucht: Rest vom Einkommen als Bruchteil und als Geldbetrag
   Gegeben: Einkommen: 2400 €
   Miete: $\frac{1}{4}$
   Energie: $\frac{1}{24}$
   Nahrung/Kleidung: $\frac{2}{5}$
   Bruchteil der Ausgaben:

   $$\frac{1}{4} + \frac{1}{24} + \frac{2}{5} = \frac{30 + 5 + 48}{120} = \frac{83}{120}$$

   a) Rest als Bruchteil: $1 - \frac{83}{120} = \frac{120 - 83}{120} = \frac{37}{120}$

   b) Rest in €: $\frac{37}{120} \cdot 2400\text{ €} = \frac{37 \cdot \cancel{2400}^{20}\text{ €}}{\cancel{120}_{1}} = 740\text{ €}$

   Familie Unger stehen im Monat noch 740 €, das sind $\frac{37}{120}$ des Einkommens, zur Verfügung.

3. Roland möchte Grundfutter für sein Zwergkaninchen kaufen und findet von unterschiedlichen Herstellern zwei Angebote:
(1) 750 g zu 1,83 € und
(2) 2 kg zu 5,04 €.
Welches Angebot ist günstiger?

Lösung
Gegeben:

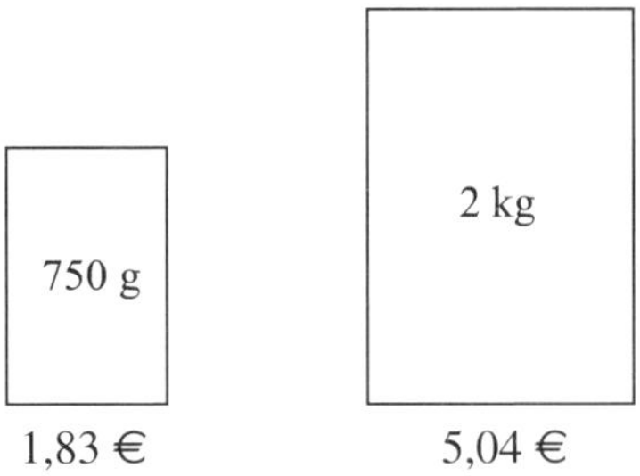

Gesucht: Günstigeres Angebot, d. h. das Futter mit dem kleineren Preis für die gleiche Menge
Einheiten: 2 kg und 750 g = 0,75 kg
Ermitteln der Preise je Kilogramm:

5,04 € : 2 = 2,52 €
1,83 € : 0,75 = 2,44 €

```
NR: 5,04 : 2 = 2,52        1,83 : 0,75 = 2,44
   -4                      183 : 75 = 2,44
    10                    -150
   -10                      330
     04                    -300
    -04                      300
      0                     -300
                               0
```

Das Angebot (1) ist günstiger, da dort 1 kg 2,44 € kostet, bei Angebot (2) jedoch 2,52 €.

4. Welche Masse hat ein Ziegel, der 240 mm lang, 115 mm breit und 71 mm hoch ist? Die Dichte beträgt $1{,}8 \frac{g}{cm^3}$.

Lösung

Gesucht: Masse des Ziegels

Gegeben: Dichte $\rho = 1{,}8 \frac{g}{cm^3}$

Ziegel: $l = 240 \text{ mm} = 24 \text{ cm}$

$b = 115 \text{ mm} = 11{,}5 \text{ cm}$

$h = 71 \text{ mm} = 7{,}1 \text{ cm}$

Zusammenhang: $\rho = \frac{m}{V}$, also $m = \rho \cdot V$

Volumen des Ziegels: $V = l \cdot b \cdot h$

$V = 24 \text{ cm} \cdot 11{,}5 \text{ cm} \cdot 7{,}1 \text{ cm} = 1959{,}6 \text{ cm}^3$

NR:

11,5 · 24	276 · 7,1
230	1932
460	276
276,0	1959,6

Masse des Ziegels: $m = \rho \cdot V$

$m = 1{,}8 \frac{g}{cm^3} \cdot 1959{,}6 \text{ cm}^3 = 3527{,}28 \text{ g} \approx 3{,}5 \text{ kg}$

NR:

1959,6 · 1,8
1959 6
1567 6 8
3527,2 8

Ein Ziegelstein wiegt etwa 3,5 kg.

Aufgaben

125. Eine Packung Rasensamen reicht für 10 m^2. Wie viele Packungen werden für eine rechteckige Fläche der Länge 12,4 m und der Breite 31,7 m benötigt?

126. Wie viele Meter Zaun werden benötigt, um die Straßenfront eines Grundstückes einzuzäunen, wenn diese Front 45,3 m beträgt und ein 4,25 m breites Tor sowie 5 Pfeiler von je 38 cm Breite beinhaltet?

127. Ein Körper hat ein Volumen von 6,2 cm^3 und eine Masse von 14,1 g. Wie groß ist seine Dichte und aus welchem Material könnte er bestehen?

128. Auf beiden Seiten einer 425 m langen Straße sollen im Abstand von 12,5 m Bäume gepflanzt werden. Wie viele werden benötigt, wenn am Anfang und am Ende der Straße mit der Bepflanzung begonnen werden soll?

129. Herr Lehmann möchte das Wohnzimmer mit Scheuerleisten versehen. Das Zimmer ist $3\frac{7}{10}$ m lang und $4\frac{2}{3}$ m breit. Im Baumarkt findet er 2 m lange Leisten. Wie viele muss er kaufen?

130. In einer Stadt wird geplant, eine Straße durch den alten Stadtkern neu zu pflastern. Sie ist 6,3 m breit und 235 m lang. Für 1 m^2 Pflasterung werden 15,80 € Kosten veranschlagt. Der Stadt stehen dafür 25 000 € zur Verfügung. Reicht der Betrag aus?

131. Stefanies Bruder baut einen Turm aus 5 Würfeln. Der unterste Würfel ist der größte mit einer Kantenlänge von 17,5 cm. Jeder darauf stehende Würfel hat die halbe Kantenlänge des darunter stehenden. Gib die Kantenlängen der anderen 4 Würfel gerundet auf volle mm an sowie die Höhe des Turms.

132. Wie verändert sich das Volumen eines Würfels, wenn seine Kantenlänge halbiert wird?

133. Claudia fährt täglich (5-mal je Woche) mit dem Bus zur Schule und zurück. Ein Busfahrschein kostet 0,80 €. Käme sie mit einer Monatskarte zu 26 € günstiger?

134. Herr Weiß fährt auf der Autobahn eine Strecke von 319 km in ca. $2\frac{3}{4}$ h. Herr Schwarz benötigt für 210 km etwa $1\frac{2}{3}$ h. Wer fuhr durchschnittlich schneller?

135. Für eine Klassenfeier werden $4\frac{2}{3}\,\ell$ Orangensaft, $2\frac{3}{4}\,\ell$ Mineralwasser und $3\frac{1}{2}\,\ell$ Ananassaft gemixt. Reicht das für die 30 Schüler aus, wenn jeder durchschnittlich $0{,}4\,\ell$ trinken möchte?

136. Zum Abschluss kommen wir noch einmal auf eine Aufgabe des einleitenden Abschnitts 1 zurück.
Das Wasserbecken bei Familie Schmidt war $7\frac{1}{2}$ m lang, $4\frac{1}{2}$ m breit und 1,45 m tief.

a) Wie viele Liter Wasser fasst das Becken, wenn es bis 20 cm unter den Rand gefüllt wird?

b) Wie viele Quadratmeter Folie sind zum Auskleiden des gesamten Beckens notwendig?

6 Lösungen

1. z. B.: – Messbecher in der Küche
– Angaben auf Lebensmitteln o. a. Erzeugnissen
– Wasseruhr
– Energiezähler
– Radio, Videorecorder

2. Volumen, z. B. 1,5 cm^3
Zeit, z. B. $\frac{1}{4}$ h
Flächen, z. B. 4,5 m^2
Temperatur, z. B. 12,4 °C
Umrechnungskurse ausländischer Währungen oder Euro,
z. B. 1 € ≙ 1,145475 US $

3. Jeder bekommt den 3. Teil der Pizza, also ein Drittel.

4. echte Brüche: $\frac{3}{4}, \frac{3}{8}, \frac{9}{12}, \frac{798}{1000}$

unechte Brüche: $\frac{4}{3}, \frac{7}{5}, 1\frac{1}{2}, \frac{8}{4}, \frac{24}{24}, \frac{326}{100}$

5. a) $x = 0, 1, 2, 3$ b) $x = 0, 1, 2, ..., 11$

c) $x = 0, 1, 2, ..., 24$ d) $x = 6, 7, 8, ...$

6. $\frac{10}{2} = 5, \quad \frac{51}{17} = 3, \quad \frac{23}{23} = 1$

7. z. B.: $2 = \frac{4}{2} = \frac{6}{3} = \frac{14}{7}$

$$5 = \frac{10}{2} = \frac{20}{4} = \frac{25}{5}$$

$$6 = \frac{12}{2} = \frac{36}{6} = \frac{60}{10}$$

$$12 = \frac{24}{2} = \frac{120}{10} = \frac{144}{12}$$

$$25 = \frac{50}{2} = \frac{100}{4} = \frac{1000}{40}$$

8. $\frac{5}{4} = 1\frac{1}{4}$, $\frac{9}{2} = 4\frac{1}{2}$, $\frac{4}{3} = 1\frac{1}{3}$, $\frac{11}{4} = 2\frac{3}{4}$, $\frac{71}{7} = 10\frac{1}{7}$,

$\frac{34}{12} = 2\frac{10}{12}$, $\frac{244}{100} = 2\frac{44}{100}$, $\frac{336}{10} = 33\frac{6}{10}$

9. $1\frac{3}{4} = \frac{7}{4}$, $2\frac{1}{5} = \frac{11}{5}$, $7\frac{4}{9} = \frac{67}{9}$, $3\frac{7}{11} = \frac{40}{11}$, $5\frac{6}{7} = \frac{41}{7}$,

$12\frac{2}{3} = \frac{38}{3}$, $9\frac{12}{13} = \frac{129}{13}$, $3 = \frac{3}{1} = \frac{6}{2}$ ...

10. a) Darstellung im Maßstab 1 : 2

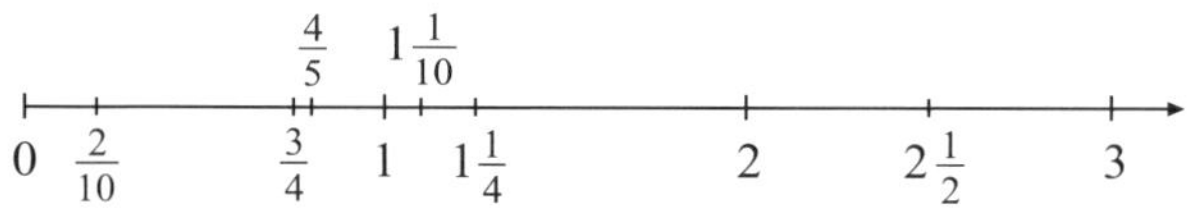

b) Darstellung im Maßstab 1 : 2

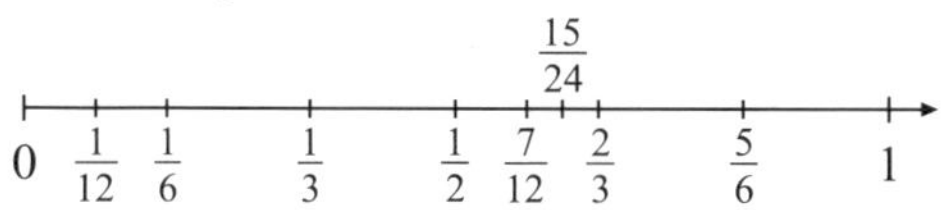

c) günstige Einteilung: zwischen 0 und 1: 8 cm (auch 16 cm möglich)

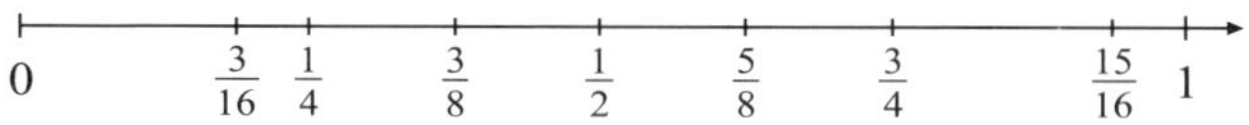

11. $a = \frac{1}{2}$, $b = \frac{1}{4}$, $c = \frac{1}{5}$, $d = \frac{9}{10}$, $e = \frac{3}{4}$, $f = \frac{11}{10} = 1\frac{1}{10}$, $g = \frac{1}{20}$

12. a) $\frac{1}{4}$

b) $\frac{1}{8}$

c) $\frac{2}{4} = \frac{1}{2}$

d) $\frac{2}{8} = \frac{1}{4}$

e) $\frac{3}{12} = \frac{1}{4}$

13.

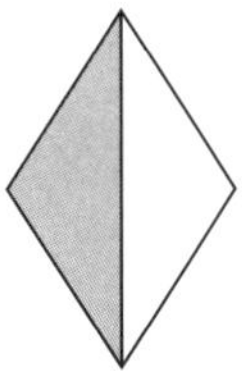

$\frac{1}{2}$

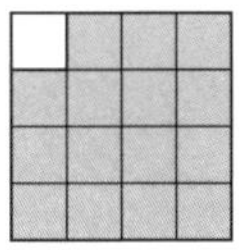

$\frac{15}{16}$

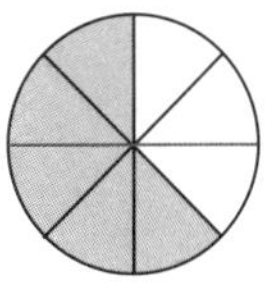

$\frac{5}{8}$

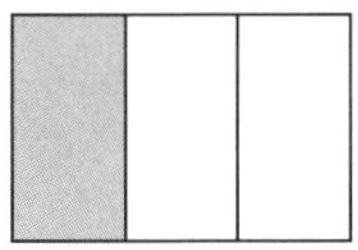

$\frac{8}{24}$

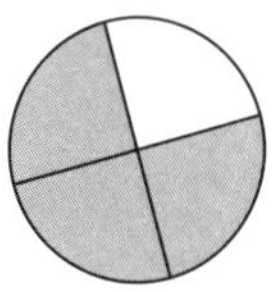

$\frac{3}{4}$

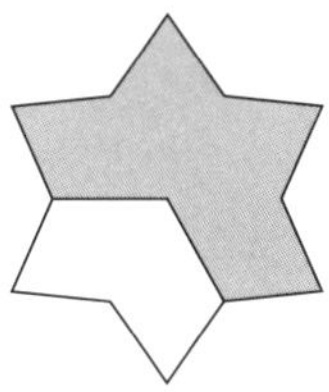

$\frac{2}{3}$

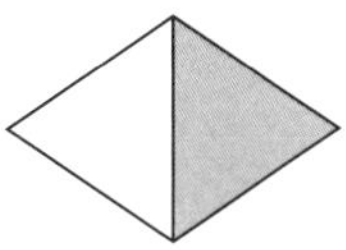

$\frac{2}{4}$

$\frac{4}{6}$

14. a) $\frac{6}{7}^{\cdot 4} = \frac{6 \cdot 4}{7 \cdot 4} = \frac{24}{28}$

b) $\frac{1}{2}^{\cdot 18} = \frac{1 \cdot 18}{2 \cdot 18} = \frac{18}{36}$

c) $1\frac{3}{4} = \frac{7}{4}^{\cdot 3} = \frac{7 \cdot 3}{4 \cdot 3} = \frac{21}{12}$

15. a) $\frac{3}{4}^{\cdot 2} = \frac{6}{8}$, $\frac{3}{4}^{\cdot 3} = \frac{9}{12}$, $\frac{3}{4}^{\cdot 10} = \frac{30}{40}$, $\frac{3}{4}^{\cdot 25} = \frac{75}{100}$

b) $\frac{6}{1}^{\cdot 2} = \frac{12}{2}$, $\frac{6}{1}^{\cdot 3} = \frac{18}{3}$, $\frac{6}{1}^{\cdot 10} = \frac{60}{10}$, $\frac{6}{1}^{\cdot 25} = \frac{150}{25}$

c) $\frac{8}{15}^{\cdot 2} = \frac{16}{30}$, $\frac{8}{15}^{\cdot 3} = \frac{24}{45}$, $\frac{8}{15}^{\cdot 10} = \frac{80}{150}$, $\frac{8}{15}^{\cdot 25} = \frac{200}{375}$

d) $\frac{5}{12}^{\cdot 2} = \frac{10}{24}$, $\frac{5}{12}^{\cdot 3} = \frac{15}{36}$, $\frac{5}{12}^{\cdot 10} = \frac{50}{120}$, $\frac{5}{12}^{\cdot 25} = \frac{125}{300}$

16. a) $\frac{2}{3}^{\cdot 16} = \frac{32}{48}$

b) $\frac{9}{12}^{\cdot 4} = \frac{36}{48}$

c) $\frac{3}{2}^{\cdot 24} = \frac{72}{48}$

d) $\frac{7}{4}^{\cdot 12} = \frac{84}{48}$

e) $\frac{23}{24}^{\cdot 2} = \frac{46}{48}$

f) nicht lösbar

17. a) $\frac{2}{3}^{\cdot 63} = \frac{126}{189}$

b) $\frac{9}{12}^{\cdot 14} = \frac{126}{168}$

c) $\frac{3}{2}^{\cdot 42} = \frac{126}{84}$

d) $\frac{7}{4}^{\cdot 18} = \frac{126}{72}$

e) nicht lösbar

f) $\frac{1}{36}^{\cdot 126} = \frac{126}{4536}$

18. a) $\frac{3}{2}^{\cdot 5} = \frac{15}{10}^{\cdot 10} = \frac{150}{100}^{\cdot 10} = \frac{1500}{1000}$

b) $\frac{5}{4}^{\cdot 25} = \frac{125}{100}^{\cdot 10} = \frac{1250}{1000}$

c) $\frac{2}{5}^{\cdot 2} = \frac{4}{10}^{\cdot 10} = \frac{40}{100}^{\cdot 10} = \frac{400}{1000}$

d) $\frac{17}{40}^{\cdot 25} = \frac{425}{1000}$

e) $\frac{9}{25}^{\cdot 4} = \frac{36}{100}^{\cdot 10} = \frac{360}{1000}$

f) $\frac{7}{20}^{\cdot 5} = \frac{35}{100}^{\cdot 10} = \frac{350}{1000}$

19. a) wahre Aussage (w. A.), Erweiterungszahl (EZ): 3
b) w. A., EZ: 10
c) falsche Aussage (f. A.)
d) f. A.
e) w. A., EZ: 11
f) f. A.

20. a) $\frac{6}{12}^{:2} = \frac{3}{6}$, $\frac{6}{12}^{:3} = \frac{2}{4}$, $\frac{6}{12}^{:6} = \frac{1}{2}$

b) $\frac{12}{18}^{:2} = \frac{6}{9}$, $\frac{12}{18}^{:3} = \frac{4}{6}$, $\frac{12}{18}^{:6} = \frac{2}{3}$

c) $\frac{18}{24}^{:2} = \frac{9}{12}$, $\frac{18}{24}^{:3} = \frac{6}{8}$, $\frac{18}{24}^{:6} = \frac{3}{4}$

d) $\frac{12}{30}^{:2} = \frac{6}{15}$, $\frac{12}{30}^{:3} = \frac{4}{10}$, $\frac{12}{30}^{:6} = \frac{2}{5}$

e) $\frac{6}{54}^{:2} = \frac{3}{27}$, $\frac{6}{54}^{:3} = \frac{2}{18}$, $\frac{6}{54}^{:6} = \frac{1}{9}$

f) $\frac{48}{12}^{:2} = \frac{24}{6}$, $\frac{48}{12}^{:3} = \frac{16}{4}$, $\frac{48}{12}^{:6} = \frac{8}{2}$

21. a) $\frac{6}{18}^{:6} = \frac{1}{3}$
b) $\frac{11}{33}^{:11} = \frac{1}{3}$
c) $\frac{18}{12}^{:6} = \frac{3}{2}$
d) $\frac{60}{144}^{:12} = \frac{5}{12}$
e) $\frac{16}{20}^{:4} = \frac{4}{5}$
f) $\frac{40}{60}^{:20} = \frac{2}{3}$

22. a) f. A.

b) w. A., Kürzungszahl (KZ): 4

c) f. A.

d) w. A., KZ: 10

e) f. A.

f) w. A., KZ: 5

23. a) $1\frac{4}{16} = 1\frac{1}{4} = \frac{5}{4}$

b) $3\frac{9}{27} = 3\frac{1}{3} = \frac{10}{3}$

c) $6\frac{12}{18} = 6\frac{2}{3} = \frac{20}{3}$

24. a) $\frac{16}{12} = \frac{4}{3}$

b) $\frac{70}{105} = \frac{2}{3}$

c) $\frac{36}{11}$ kann nicht gekürzt werden

d) $\frac{{}^{1}\cancel{7}\cdot\cancel{80}^{10}}{{}_{1}\cancel{8}\cdot\cancel{70}_{10}} = \frac{\cancel{10}^{1}}{\cancel{10}_{1}} = 1$

e) $\frac{{}^{1}\cancel{4}\cdot\cancel{6}^{2}\cdot\cancel{25}^{1}}{{}_{2}\cancel{8}\cdot\cancel{3}_{1}\cdot\cancel{75}_{3}} = \frac{\cancel{2}^{1}}{{}_{1}\cancel{2}\cdot 3} = \frac{1}{3}$

f) $\frac{{}^{1}\cancel{8}\cdot\cancel{12}^{1}\cdot\cancel{450}^{10}}{{}_{1}\cancel{45}\cdot\cancel{24}_{2}\cdot\cancel{32}_{4}} = \frac{\cancel{10}^{5}}{{}_{1}\cancel{2}\cdot 4} = \frac{5}{4}$

25. a) $x = 3$

b) $x = 2$

c) $x = 3$

d) $x = 0$

e) $x = 7$

f) $x = 1, 2, 3, \ldots$

g) $x = 17$: $\frac{6}{18} \overset{:6}{=} \frac{1}{3} \overset{\cdot 17}{=} \frac{17}{51}$

h) $x = 30$: $\frac{20}{25} \overset{:5}{=} \frac{4}{5} \overset{\cdot 6}{=} \frac{24}{30}$

26. a) $\frac{3}{4} = \frac{12}{16} = \frac{36}{48}$

b) $\frac{3}{6} = \frac{14}{28} = \frac{36}{72} = \frac{1}{2}$

c) $\frac{4}{10} = \frac{2}{5} = \frac{20}{50} = \frac{10}{25}$

d) $\frac{6}{14} = \frac{9}{21} = \frac{3}{7}$

27. Lösungstext:
MATHE MACHT SPASS, WENN MAN SIE VERSTEHT.

28.

$\frac{1}{28}$	$\frac{3}{4}$	$\frac{6}{8}$	$\frac{2}{3}$	$\frac{6}{9}$	$\frac{1}{4}$	$\frac{7}{28}$	$\frac{3}{5}$	$\frac{9}{15}$	$\frac{1}{6}$
$\frac{5}{30}$	$\frac{9}{10}$	$\frac{27}{30}$	$\frac{6}{42}$	$\frac{1}{7}$	$\frac{10}{25}$	$\frac{2}{5}$	$1\frac{1}{2}$	$\frac{6}{4}$	4
$\frac{24}{6}$	$\frac{1}{9}$	$\frac{3}{27}$	$4\frac{2}{3}$	$\frac{14}{3}$	$1\frac{2}{7}$	$\frac{108}{84}$	$\frac{1}{3}$	$\frac{17}{51}$	$\frac{7}{7}$
$\frac{8}{8}$	$5\frac{6}{9}$								

29. Lösungstext:
KEINE ANGST VOR BRÜCHEN!

30. a) $\frac{4}{5} > \frac{4}{8}$, denn $5 < 8$

b) $\frac{3}{7} < \frac{3}{5}$, denn $7 > 5$

c) $\frac{6}{7} < \frac{16}{7}$, denn $6 < 16$

d) $\frac{4}{8} > \frac{1}{8}$, denn $4 > 1$

31. a) $\frac{7}{24} < \frac{7}{11} < \frac{7}{9} < \frac{7}{4} < \frac{7}{3} < \frac{7}{2}$

b) $\frac{1}{13} < \frac{2}{13} < \frac{6}{13} < \frac{9}{13} < \frac{17}{13} < \frac{25}{13}$

32. a) HN: 5, $\frac{2}{5}$ und $\frac{1}{5}$

b) HN: 24, $\frac{9}{24}$ und $\frac{20}{24}$

c) HN: 63, $\frac{7}{63}$ und $\frac{18}{63}$

d) HN: 20, $\frac{12}{20}$ und $\frac{15}{20}$

e) HN: 24, $\frac{10}{24}$ und $\frac{3}{24}$

f) HN: 48, $\frac{16}{48}$ und $\frac{3}{48}$

33. a) $\frac{7}{6}=\frac{14}{12}$, denn $\frac{14}{12}\overset{:2}{=}\frac{7}{6}$

b) $\frac{4}{3}>\frac{7}{9}$, denn $\frac{4}{3}\overset{\cdot 3}{=}\frac{12}{9}$

c) $\frac{7}{3}>2\frac{1}{4}$, denn $\frac{7}{3}=2\frac{1}{3}$

d) $\frac{9}{5}>\frac{11}{8}$, denn $\frac{9}{5}\overset{\cdot 8}{=}\frac{72}{40}$ und $\frac{11}{8}\overset{\cdot 5}{=}\frac{55}{40}$

e) $2\frac{11}{12}>2\frac{8}{9}$, denn $\frac{11}{12}\overset{\cdot 3}{=}\frac{33}{36}$ und $\frac{8}{9}\overset{\cdot 4}{=}\frac{32}{36}$

f) $\frac{7}{30}=\frac{21}{90}$, denn $\frac{21}{90}\overset{:3}{=}\frac{7}{30}$

34. a) HN: 16, $\frac{5}{8}=\frac{10}{16}$, $\frac{3}{4}=\frac{12}{16}$, $\frac{3}{2}=\frac{24}{16}$, $\frac{3}{8}=\frac{6}{16}$, $\frac{1}{4}=\frac{4}{16}$

$\frac{3}{16}<\frac{1}{4}<\frac{3}{8}<\frac{5}{8}<\frac{3}{4}<\frac{20}{16}<\frac{3}{2}$

b) HN: 45, $\frac{4}{5}=\frac{36}{45}$, $\frac{19}{9}=\frac{95}{45}$, $\frac{7}{3}=\frac{105}{45}$, $\frac{2}{15}=\frac{6}{45}$, $\frac{8}{5}=\frac{72}{45}$, $\frac{1}{3}=\frac{15}{45}$

$\frac{2}{15}<\frac{1}{3}<\frac{4}{5}<\frac{8}{5}<\frac{19}{9}<\frac{7}{3}$

c) HN: 168, $\frac{1}{8}=\frac{21}{168}$, $\frac{3}{7}=\frac{72}{168}$, $\frac{3}{8}=\frac{63}{168}$, $\frac{5}{4}=\frac{210}{168}$, $\frac{5}{7}=\frac{120}{168}$, $\frac{3}{3}=1$,
$\frac{3}{4}=\frac{126}{168}$

$\frac{1}{8}<\frac{3}{8}<\frac{3}{7}<\frac{5}{7}<\frac{3}{4}<\frac{3}{3}<\frac{5}{4}$

35. a) z. B.: $\frac{4}{5}$, $\frac{5}{5}$, $\frac{6}{5}$
(Das sind nur 3 Möglichkeiten. Du kannst aber auch andere Brüche finden.)

b) $\frac{31}{50}$, $\frac{32}{50}$, $\frac{33}{50}$, denn $\frac{3}{5}=\frac{30}{50}$, $\frac{4}{5}=\frac{40}{50}$

c) $\frac{71}{80}$, $\frac{72}{80}$, $\frac{73}{80}$, denn $\frac{7}{8}=\frac{70}{80}$, $1=\frac{80}{80}$

d) $\frac{67}{80}, \frac{68}{80}, \frac{69}{80}$, denn $\frac{3}{4} = \frac{60}{80}, \frac{7}{8} = \frac{70}{80}$

e) $\frac{4}{5}, \frac{5}{5}, \frac{4}{3}$

f) $\frac{17}{28}, \frac{18}{28}, \frac{19}{28}$, denn $\frac{4}{7} = \frac{16}{28}, \frac{3}{4} = \frac{21}{28}$

36. a) $n = 3, 4, 5, 6$ b) $n = 5, 6, 7, 8$

c) nicht lösbar d) $n = 3, 4, 5, 6$

e) nicht lösbar f) $n = 7, 8$

37. Ein gemeinsamer Nenner ist immer das Produkt der gegebenen Nenner (dies muss aber nicht der Hauptnenner, also das kgV der Nenner sein).
Bei den Brüchen $\frac{3}{7}$ und $\frac{4}{8}$ wäre dieser Nenner dann $7 \cdot 8 = 56$, d. h. der Bruch $\frac{3}{7}$ müsste mit 8 und der Bruch $\frac{4}{8}$ mit 7 erweitert werden:

$$\frac{3}{7} \overset{\cdot 8}{=} \frac{24}{56} \text{ und } \frac{4}{8} \overset{\cdot 7}{=} \frac{28}{56}$$

Bei gleichen Nennern genügt es, die Zähler zu vergleichen, also: $24 < 28$.
Dies nutzt Jens in seiner Methode aus, die demzufolge immer zum Ziel führt.

38. a) $\frac{14}{15}$ b) $3\frac{19}{20}$

c) 7

39. a) $\frac{13}{24}$ b) $2\frac{1}{2}$

c) $\frac{9}{23}$ d) nicht lösbar

e) $\frac{3}{4}$ f) $5\frac{2}{3}$

40. a) $\frac{7}{8}$ b) $\frac{3}{10}$

c) $1\frac{1}{3}$ d) $\frac{1}{10}$

e) $\frac{1}{9}$ f) $\frac{1}{5}$

g) $\frac{13}{20}$ h) $1\frac{3}{20}$

i) $1\frac{1}{18}$ j) $\frac{1}{6}$

k) 0 l) $\frac{1}{8}$

m) 2 n) $6\frac{3}{4}$

o) $2\frac{2}{3}$ p) $\frac{5}{16}$

q) 1 r) $1\frac{4}{5}$

Lösung: EULE

41. a)

$2\frac{9}{20}$			
$1\frac{1}{3}$	$1\frac{7}{60}$		
$\frac{3}{4}$	$\frac{7}{12}$	$\frac{8}{15}$	
$\frac{1}{2}$	$\frac{1}{4}$	$\frac{1}{3}$	$\frac{1}{5}$

b)

10			
$6\frac{1}{2}$	$3\frac{1}{2}$		
$4\frac{3}{4}$	$1\frac{3}{4}$	$1\frac{3}{4}$	
$3\frac{5}{8}$	$1\frac{1}{8}$	$\frac{5}{8}$	$1\frac{1}{8}$

42. a)

$\frac{1}{2}$	$\frac{1}{9}$	$\frac{7}{18}$
$\frac{2}{9}$	$\frac{1}{3}$	$\frac{4}{9}$
$\frac{5}{18}$	$\frac{5}{9}$	$\frac{1}{6}$

b)

$\frac{13}{30}$	$\frac{1}{5}$	$\frac{11}{30}$
$\frac{4}{15}$	$\frac{1}{3}$	$\frac{2}{5}$
$\frac{3}{10}$	$\frac{7}{15}$	$\frac{7}{30}$

43.

a	b	a + b	a – b	b + a
$\frac{3}{4}$	$\frac{2}{3}$	$1\frac{5}{12}$	$\frac{1}{12}$	$1\frac{5}{12}$
$1\frac{1}{2}$	$\frac{5}{6}$	$2\frac{1}{3}$	$\frac{2}{3}$	$2\frac{1}{3}$
$\frac{7}{12}$	$\frac{1}{12}$	$\frac{2}{3}$	$\frac{1}{2}$	$\frac{2}{3}$
$2\frac{3}{5}$	$\frac{1}{2}$	$3\frac{1}{10}$	$2\frac{1}{10}$	$3\frac{1}{10}$
$\frac{4}{7}$	$\frac{1}{7}$	$\frac{5}{7}$	$\frac{3}{7}$	$\frac{5}{7}$

44. a) $\left(\frac{1}{3}+\frac{2}{3}\right)+\left(\frac{3}{4}+\frac{3}{4}\right)=2\frac{1}{2}$

b) $\left(\frac{4}{9}+\frac{14}{9}\right)+\left(\frac{5}{6}+\frac{4}{6}\right)=3\frac{1}{2}$

c) $\left(\frac{2}{7}+\frac{5}{7}\right)+\left(\frac{1}{8}+\frac{3}{8}\right)=1\frac{1}{2}$

d) $\left(\frac{12}{13}+\frac{14}{13}\right)+\left(\frac{3}{4}+\frac{2}{4}\right)=3\frac{1}{4}$

e) $\left(2\frac{1}{3}+1\frac{2}{3}\right)+\left(1\frac{1}{4}+2\frac{2}{4}\right)=7\frac{3}{4}$

f) $\left(4\frac{1}{2}+1\frac{1}{2}\right)+3\frac{2}{5}=9\frac{2}{5}$

45. z. B.: $\left(\frac{3}{4}-\frac{1}{3}\right)-\frac{1}{6}=\frac{1}{4}$

$\frac{3}{4}-\left(\frac{1}{3}-\frac{1}{6}\right)=\frac{7}{12}$

oder: $\frac{11}{12}-\left(\frac{1}{4}+\frac{1}{6}\right)-\frac{1}{12}=\frac{5}{12}$

$\left(\frac{11}{12}-\frac{1}{4}\right)+\left(\frac{1}{6}-\frac{1}{12}\right)=\frac{3}{4}$

46. a) $\frac{5}{6}-\frac{4}{5}=\frac{1}{30}$

b) $\frac{2}{3}-\frac{7}{24}=\frac{3}{8}$

c) $\frac{2}{3}-\frac{1}{24}=\frac{5}{8}$

d) $\frac{16-4-3}{24}=\frac{3}{8}$

e) $\frac{204-52-117}{36}=\frac{35}{36}$

f) $\frac{145-54-70}{30}=\frac{7}{10}$

g) $\frac{12-6-2-1}{12}=\frac{1}{4}$

h) $\frac{5}{12}+\frac{4}{21}=\frac{17}{28}$

47. Lösungstext: BRÜCHE KÖNNEN GEMEIN SEIN.

48. a) $\frac{15}{28}$

b) $\frac{3}{10}$

c) $\frac{6}{11}$

d) $\frac{5}{14}$

e) $\frac{1}{12}$

f) 1

g) $1\frac{1}{2}$

h) $3\frac{2}{3}$

i) 10

j) 2

k) $1\frac{13}{34}$

l) 1

49. a)

$\frac{4}{63}$

$\frac{2}{9}$ | $\frac{2}{7}$

$\frac{2}{3}$ | $\frac{1}{3}$ | $\frac{6}{7}$

$\frac{3}{2}$ | $\frac{4}{9}$ | $\frac{3}{4}$ | $\frac{8}{7}$

b)

$\frac{1}{54}$

$\frac{1}{27}$ | $\frac{1}{2}$

$\frac{2}{9}$ | $\frac{1}{6}$ | 3

$\frac{11}{12}$ | $\frac{8}{33}$ | $\frac{22}{32}$ | $\frac{48}{11}$

50.

a	b	c	a · b	b · c	a · c	b · a	(a · b) · c	a · (b · c)
$\frac{1}{2}$	$\frac{4}{5}$	$\frac{2}{3}$	$\frac{2}{5}$	$\frac{8}{15}$	$\frac{1}{3}$	$\frac{2}{5}$	$\frac{4}{15}$	$\frac{4}{15}$
$\frac{2}{5}$	$\frac{15}{16}$	$\frac{8}{9}$	$\frac{3}{8}$	$\frac{5}{6}$	$\frac{16}{45}$	$\frac{3}{8}$	$\frac{1}{3}$	$\frac{1}{3}$
$\frac{6}{7}$	$\frac{5}{9}$	$\frac{14}{15}$	$\frac{10}{21}$	$\frac{14}{27}$	$\frac{4}{5}$	$\frac{10}{21}$	$\frac{4}{9}$	$\frac{4}{9}$
$2\frac{4}{5}$	$1\frac{7}{8}$	$3\frac{1}{2}$	$5\frac{1}{4}$	$6\frac{9}{16}$	$9\frac{4}{5}$	$5\frac{1}{4}$	$18\frac{3}{8}$	$18\frac{3}{8}$

51. Die Ergebnisse der Spalten (a · b) und (b · a) sind gleich, da man Faktoren vertauschen darf (Kommutativgesetz).
Auch die Ergebnisse der beiden letzten Spalten sind gleich, d. h. Klammern darf man hier versetzen (Assoziativgesetz).

52. a) $x = 4$

b) $x = 5$

c) $x = 5$

d) $x = 1$, denn $\frac{1}{10}^{\cdot 3} = \frac{3}{30} = \frac{1}{6} \cdot \frac{3}{5}$

e) $x = 3$, denn $\frac{2}{15}^{\cdot 3} = \frac{6}{45} = \frac{2}{9} \cdot \frac{3}{5}$

f) $x = 55$, denn $1\frac{3}{7}^{\cdot 11} = \frac{110}{77} = \frac{55}{11} \cdot \frac{2}{7}$

53. a) $x = \frac{3}{2}$

b) $x = \frac{4}{7}$

c) $x = 3$, denn $\frac{4}{3}{}^{\cdot 3} = \frac{12}{9} = \frac{4}{9} \cdot 3$

d) $x = 3\frac{1}{3}$, denn $\frac{5}{12}{}^{\cdot 2} = \frac{10}{24} = \frac{1}{8} \cdot \frac{10}{3}$

54. a) $\frac{8}{7}$

b) $\frac{15}{11}$

c) $\frac{5}{9}$

d) $\frac{9}{38}$

55. a) $1\frac{1}{2}$

b) $6\frac{3}{4}$

c) $\frac{2}{3}$

d) 16

e) $\frac{1}{16}$

f) 4

g) 0

h) nicht lösbar

i) $\frac{4}{15}$

j) $\frac{15}{4}$

56. a) $\frac{4 \cdot \cancel{6}^{\,2}}{{}_{1}\cancel{3} \cdot 5} = \frac{8}{5} = 1\frac{3}{5}$

b) $\frac{3 \cdot 4}{4 \cdot 3} = 1$

c) $\frac{1 \cdot 9}{1 \cdot 5} = \frac{9}{5} = 1\frac{4}{5}$

d) $\frac{5 \cdot \cancel{3}^{\,1}}{{}_{3}\cancel{9} \cdot 7} = \frac{5}{21}$

57.

a	b	c	a : b	b : a	a : c	c : a	b : c	c : b
$\frac{2}{3}$	$\frac{8}{9}$	$\frac{4}{5}$	$\frac{3}{4}$	$1\frac{1}{3}$	$\frac{5}{6}$	$1\frac{1}{5}$	$1\frac{1}{9}$	$\frac{9}{10}$
$\frac{1}{10}$	$\frac{4}{5}$	$\frac{8}{15}$	$\frac{1}{8}$	8	$\frac{3}{16}$	$5\frac{1}{3}$	$1\frac{1}{2}$	$\frac{2}{3}$
$1\frac{1}{2}$	$\frac{6}{7}$	$\frac{4}{21}$	$1\frac{3}{4}$	$\frac{4}{7}$	$7\frac{7}{8}$	$\frac{8}{63}$	$4\frac{1}{2}$	$\frac{2}{9}$
$\frac{3}{8}$	$2\frac{1}{4}$	$3\frac{5}{6}$	$\frac{1}{6}$	6	$\frac{9}{92}$	$10\frac{2}{9}$	$\frac{27}{46}$	$1\frac{19}{27}$

58. Vertauscht man bei der Division den Dividenden und den Divisor, ist das Ergebnis der Kehrwert vom ursprünglichen Ergebnis.

59. a)

$\frac{3}{8}$

$\frac{1}{4}$ | $\frac{3}{2}$

$\frac{5}{6}$ | $\frac{3}{10}$ | 5

$\frac{5}{12}$ | 2 | $\frac{3}{20}$ | $\frac{100}{3}$

b)

$\frac{1}{24}$

$\frac{1}{8}$ | $\frac{1}{3}$

$\frac{3}{4}$ | $\frac{1}{6}$ | 2

$\frac{1}{2}$ | $\frac{3}{2}$ | $\frac{1}{9}$ | 18

60. Bei der ersten Lösungsvariante wurden die Klammern zuerst berechnet, bei der zweiten Variante wird das Distributivgesetz angewendet.

a) (1) $\frac{5}{2} \cdot \frac{13}{12} = \frac{65}{24} = 2\frac{17}{24}$

(2) $\frac{5}{2} \cdot \frac{3}{4} + \frac{5}{2} \cdot \frac{1}{3} = \frac{15}{8} + \frac{5}{6} = \frac{65}{24} = 2\frac{17}{24}$

b) (1) $\frac{{}^{1}\cancel{11}}{{}_{1}\cancel{8}} \cdot \frac{\cancel{8}^{1}}{\cancel{22}_{2}} = \frac{1}{2}$

(2) $\frac{7}{{}_{1}\cancel{4}} \cdot \frac{\cancel{8}^{2}}{22} - \frac{3}{{}_{1}\cancel{8}} \cdot \frac{\cancel{8}^{1}}{22} = \frac{11}{22} = \frac{1}{2}$

c) (1) $\frac{3}{4}:\frac{1}{3}=\frac{3\cdot 3}{4\cdot 1}=\frac{9}{4}=2\frac{1}{4}$

(2) $\frac{1}{2}:\frac{1}{3}+\frac{1}{4}:\frac{1}{3}=\frac{1\cdot 3}{2\cdot 1}+\frac{1\cdot 3}{4\cdot 1}=\frac{3}{2}+\frac{3}{4}=2\frac{1}{4}$

d) (1) $0\cdot\frac{1}{2}=0$

(2) $\frac{\overset{3}{\cancel{6}}\cdot 1}{5\cdot\underset{1}{\cancel{2}}}-\frac{\overset{6}{\cancel{12}}\cdot 1}{10\cdot\underset{1}{\cancel{2}}}=\frac{3}{5}-\frac{3}{5}=0$

e) (1) $\frac{44}{15}:\frac{22}{15}=\frac{\overset{2}{\cancel{44}}\cdot\overset{1}{\cancel{15}}}{\underset{1}{\cancel{15}}\cdot\underset{1}{\cancel{22}}}=2$

(2) $\frac{17}{5}:\frac{22}{15}-\frac{7}{15}:\frac{22}{15}=\frac{17\cdot\overset{3}{\cancel{15}}}{\underset{1}{\cancel{5}}\cdot 22}-\frac{7\cdot\overset{1}{\cancel{15}}}{\underset{1}{\cancel{15}}\cdot 22}=\frac{44}{22}=2$

f) (1) $\left(\frac{3}{4}-\frac{3}{8}\right):\frac{3}{2}=\frac{\overset{1}{\cancel{3}}\cdot\overset{1}{\cancel{2}}}{\underset{4}{\cancel{8}}\cdot\underset{1}{\cancel{3}}}=\frac{1}{4}$

(2) $\frac{3}{4}:\frac{3}{2}-\frac{3}{8}:\frac{3}{2}=\frac{\overset{1}{\cancel{3}}\cdot\overset{1}{\cancel{2}}}{\underset{2}{\cancel{4}}\cdot\underset{1}{\cancel{3}}}-\frac{\overset{1}{\cancel{3}}\cdot\overset{1}{\cancel{2}}}{\underset{4}{\cancel{8}}\cdot\underset{1}{\cancel{3}}}=\frac{1}{4}$

Die Ergebnisse stimmen jeweils überein.

61. a) $\frac{2}{5}+\frac{1}{10}=\frac{1}{2}$

b) $\frac{5}{4}+\frac{3}{8}=1\frac{5}{8}$

c) $\frac{5}{4}+\frac{4}{9}=1\frac{25}{36}$

d) $\frac{1}{2}\cdot\frac{13}{28}=\frac{13}{56}$

e) $\frac{7}{6}:\frac{1}{6}=\frac{7\cdot\overset{1}{\cancel{6}}}{\underset{1}{\cancel{6}}\cdot 1}=7$

f) $\frac{3}{8}\cdot\left(\frac{2}{3}-\frac{13}{20}\right)=\frac{\overset{1}{\cancel{3}}\cdot 1}{8\cdot\underset{20}{\cancel{60}}}=\frac{1}{160}$

62.

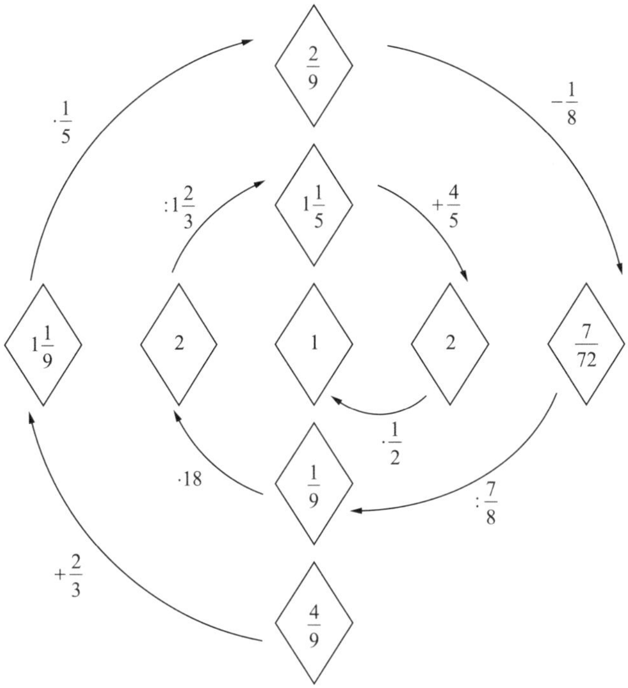

Die Endlösung 1 stimmt.

63. a) $\frac{19}{20}$ b) $\frac{7}{40}$

c) $2\frac{4}{5}$ d) $\frac{3}{4}$

e) $\frac{2}{9}\cdot\frac{1}{8}=\frac{1}{36}$ f) $\frac{11}{14}+\frac{3}{14}=1$

g) $\frac{2}{3}+1\frac{2}{3}=2\frac{1}{3}$ h) $16\frac{1}{3}$

i) $\frac{5}{7}-\frac{2}{3}=\frac{1}{21}$ j) $\frac{1}{4}+\frac{1}{4}=\frac{1}{2}$

k) $\frac{1}{2}:\frac{1}{4}=2$ l) $\frac{11}{15}$

m) $1\frac{3}{8}$ n) 15

o) $\frac{25}{36} \cdot \frac{9}{10} = \frac{5}{8}$

Vergleich der Ergebnisse:

$$\frac{1}{36} < \frac{1}{21} < \frac{7}{40} < \frac{1}{2} < \frac{5}{8} < \frac{11}{15} < \frac{3}{4} < \frac{19}{20} < 1 < 1\frac{3}{8} < 2 < 2\frac{1}{3} < 2\frac{4}{5} < 15 < 16\frac{1}{3}$$

Lösung: MIT BRUCHZAHLEN KANN ICH JETZT ENDLICH GUT RECHNEN.

64. a) $\frac{25}{100}$

b) $\frac{17}{10} = 1\frac{7}{10}$

c) $\frac{3952}{1000} = 3\frac{952}{1000}$

d) $\frac{49}{1000}$

e) $\frac{3727}{100} = 37\frac{27}{100}$

f) $\frac{5258}{10} = 525\frac{8}{10}$

65. a) 0,3

b) 1,17

c) 25,03

d) 328,5

e) 0,0097

f) 36,759

66.

	Zahl	ZT	T	H	Z	E	z	h	t	zt
a)	4,29					4	2	9		
b)	23,07				2	3	0	7		
c)	0,0125							1	2	5
d)	75999,9	7	5	9	9	9	9			
e)	872,924			8	7	2	9	2	4	
f)	0,222						2	2	2	

67. a) 9,82600 (EZ: 100)

b) 0,05370 (EZ: 10)

c) 1,20000 (EZ: 10000)

d) 142,58000 (EZ: 1000)

e) 12,00000 (EZ: 100000)

f) 0,60000 (EZ: 10000)

68. a) 23,9 b) 0,34

c) 1,04 d) 122

e) 7,0005 f) 200

69. a) $\left(1\text{ mm} \mathrel{\hat{=}} \frac{1}{100}\right)$

b) $\left(1\text{ mm} \mathrel{\hat{=}} \frac{1}{100}\right)$

c) $\left(1\text{ cm} \mathrel{\hat{=}} \frac{2}{1000}\right)$

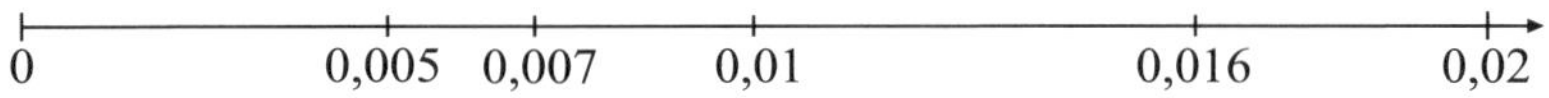

d) $\left(1\text{ mm} \mathrel{\hat{=}} \frac{1}{1000}\right)$

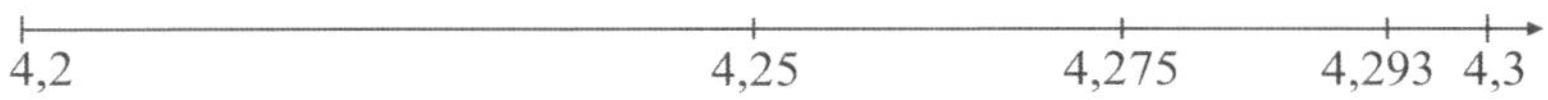

70. a) $\underline{22},9 > \underline{21},85$, denn $22 > 21$

b) $17,\underline{3}4 < 17,\underline{4}3$, denn $3 < 4$

c) $0,0\underline{2}9 < 0,0\underline{9}2$, denn $2 < 9$

d) $1,0\underline{0}4 < 1,0\underline{4}$, denn $0 < 4$

e) $\underline{102},7 > \underline{10},27$, denn $102 > 10$

f) $3,2\underline{0}43 < 3,2\underline{1}9$, denn $0 < 1$

71. a) $3,83 < 4,123 < 4,132 < 5,172 < 5,39 < 6,172 < 6,725 < 10,9$

b) $0,029 < 0,075 < 0,092 < 0,209 < 0,902$

c) $0,024 < 0,039 < 0,287 < 0,39 < 0,420$

72. a) 1,75 b) 0,755
c) 2,455 d) 2,46
e) 0,995 f) 0,06
g) 7,4245 h) 1,575

73. a) 2900000 Einwohner
b) 2850 km
c) 1214 m ist hier in Ordnung.
d) Hier darf natürlich nicht gerundet werden.

74. a) 29,7536; 29,754; 29,75; 29,8
b) 0,4988; 0,499; 0,50; 0,5
c) 1,0022; 1,002; 1,00; 1,0
d) 4,5556; 4,556; 4,56; 4,6

75. Angaben in der Klammer:
(gültige Ziffern vor dem Runden; gültige Ziffern nach dem Runden)
a) 3,4 (4; 2) b) 1,8 (3; 2)
c) 0,1 (1; 1) d) 0,1 (3; 1)
e) 24,9 (4; 3) f) 378,1 (6; 4)
g) 1,0 (3; 2) h) 2,7 (4; 2)

76. a) 37 b) 1,7
c) 9,0 d) 0,017
e) 0,029 f) 320
g) 7300 h) 7,9

77. a) $1{,}15 \leq 1{,}2 < 1{,}25$ b) $0{,}65 \leq 0{,}7 < 0{,}75$
c) $2{,}425 \leq 2{,}43 < 2{,}435$ d) $7{,}3475 \leq 7{,}348 < 7{,}3485$
e) $0{,}0015 \leq 0{,}002 < 0{,}0025$ f) $0{,}00775 \leq 0{,}0078 < 0{,}00785$

78. Lösung: ÜBUNG SCHAFFT MEISTER.

79. a)

$$\begin{array}{r} 1{,}37 \\ 12{,}90 \\ +\ 0{,}78 \\ \hline 15{,}05 \end{array}$$

b)

$$\begin{array}{r} 3{,}200 \\ 3{,}770 \\ 1{,}390 \\ +\ 7{,}801 \\ \hline 16{,}161 \end{array}$$

c)

$$\begin{array}{r} 0{,}044 \\ 0{,}440 \\ 4{,}400 \\ +\ 4{,}044 \\ \hline 8{,}928 \end{array}$$

d)

$$\begin{array}{r} 24{,}89 \\ 31{,}70 \\ 0{,}58 \\ +\ 326{,}00 \\ \hline 383{,}17 \end{array}$$

e)

$$\begin{array}{r} 5{,}803 \\ 0{,}583 \\ 0{,}053 \\ +\ 58{,}300 \\ \hline 64{,}739 \end{array}$$

80. a)

$$\begin{array}{r} 4{,}86 \\ -\ 1{,}90 \\ \hline 2{,}96 \end{array}$$

b)

$$\begin{array}{r} 11{,}30 \\ 7{,}25 \\ -\ 0{,}02 \\ \hline 4{,}03 \end{array}$$

c)

$$\begin{array}{r} 121{,}9000 \\ 12{,}1900 \\ 1{,}2190 \\ -\ 0{,}1219 \\ \hline 108{,}3691 \end{array}$$

d)

$$\begin{array}{r} 1420{,}79 \\ 953{,}80 \\ 168{,}25 \\ -\ 8{,}00 \\ \hline 290{,}74 \end{array}$$

e)

$$\begin{array}{r} 8888{,}880 \\ 777{,}700 \\ 66{,}666 \\ -\ 5{,}500 \\ \hline 8039{,}014 \end{array}$$

81. a) 154,87 – 22,22 = 132,65

b) 12,86 + 0,23 + 2,96 = 16,05

c) 13,5 – 5,66 = 7,84

d) (22,7 + 227) – (2,27 + 20,07 + 8) = 249,7 – 30,34 = 219,36

e) (18,3 + 4,933) – (1,05 + 4,8 + 3,76) = 23,233 – 9,61 = 13,623

f) (26,4 + 11,73) – (0,72 + 9,8 + 4,12) = 38,13 – 14,64 = 23,49

82. a) 2971,53; 29715,3; 297153; 29,7153; 2,97153; 0,297153

b) 219,5; 2195; 21950; 2,195; 0,2195; 0,02195

c) 7,39; 73,9; 739; 0,0739; 0,00739; 0,000739

d) 120; 1200; 12000; 1,2; 0,12; 0,012

83. Bei der Multiplikation mit 0,1; 0,01; 0,001; ... rückt das Komma so viele Stellen nach links, wie Nullen (oder Dezimalstellen) im Faktor 0,1; 0,01; 0,001; ... vorhanden sind.

84. a) $8 \cdot 3 = 24$

b) $17 \cdot 5 = 85$

c) $25 \cdot 2 = 50$

d) 0,36

e) $11 \cdot 8 = 88$

f) $125 \cdot 2 = 250$

g) 0,25

h) $0{,}32 \cdot 2 = 0{,}64$

85. a) $\underline{72{,}4 \cdot 12{,}9} = 933{,}96$

```
72,4 · 12,9
    724
    1448
     651 6
   9339 6
```

b) $\underline{0{,}42 \cdot 1{,}37} = 0{,}5754$

```
0,42 · 1,37
       42
       12 6
        2 94
       57 54
```

c) $\underline{99{,}9 \cdot 7{,}77} = 776{,}223$

```
99,9 · 7,77
   6993
     699 3
      69 93
   7762 23
```

d) $\underline{0{,}024 \cdot 0{,}031} = 0{,}000744$

```
0,024 · 0,031
           72
           24
          744
```

e) 27,9 · 0,42 = 11,718
1116
558
11718

f) 33,3 · 0,444 = 14,7852
1332
1332
1332
147852

g) 2,5 · 1,2 = 3
25
50
300

0,75 · 3 = 2,25
225

h) 1,72 · 0,85 = 1,462
1376
860
14620

1,462 · 13 = 19,006
1462
4386
19006

86. a) 0,8 · 7 = 5,6

b) 1,25 · 8 = 10

c) 24 · 1 = 24

d) 1 · 6 = 6

e) 1 · 0,95 = 0,95

f) 5,3

g) (12,5 · 8) · 0,85 = 100 · 0,85 = 85

h) (5 · 2) · 1,3 = 10 · 1,3 = 13

i) 300

j) 65 · 1 = 65

k) (4 · 25) · (0,2 · 0,05) = 100 · 0,01 = 1

l) (12,5 · 8) · (7,5 · 4) = 100 · 30 = 3000

87. a) 23,45; 2,345; 0,2345

b) 111,111; 11,1111; 1,11111

c) 2,79; 0,279; 0,0279

d) 0,834; 0,0834; 0,00834

88. a) alle Ergebnisse: 3,2415

b) alle Ergebnisse: 1,234

89. a) 56,7 : 9 = 6,3
− 54
27
− 27
0

Ü.: 54 : 9 = 6
Pr.: 6,3 · 9
56,7

b) 12,3 : 6 = 2,05
− 12
0 30
− 30
0

Ü.: 12 : 6 = 2
Pr.: 2,05 · 6
12,30

c) 2,32 : 4 = 0,58
− 0
23
− 20
32
− 32
0

Ü.: 2 : 4 = 0,5
Pr.: 0,58 · 4
2,32

d) 1,86 : 3 = 0,62
− 0
18
− 18
06
− 6
0

Ü.: 1,8 : 3 = 0,6
Pr.: 0,62 · 3
1,86

e) 62,59 : 11 = 5,69
− 55
75
− 66
99
− 99
0

Ü.: 66 : 11 = 6
Pr.: 5,69 · 11
569
569
62,59

f) 2,247 : 7 = 0,321
– 0
22
– 21
14
– 14
07
– 7
0

Ü.: 2,1 : 7 = 0,3
Pr.: 0,321 · 7
2,247

g) 3,084 : 8 = 0,3855
– 0
30
– 24
68
– 64
44
– 40
40
– 40
0

Ü.: 3,2 : 8 = 0,4
Pr.: 0,3855 · 8
3,0840

h) 53,4 : 12 = 4,45
– 48
54
– 48
60
– 60
0

Ü.: 48 : 12 = 4
Pr.: 4,45 · 12
445
890
53,40

90. a) 1,44 : 3,6 = 0,4
14,4 : 36 = 0,4
– 0
144
– 144
0

Ü.: 1,6 : 4 = 0,4
Pr.: 3,6 · 0,4
1,44

b) $3{,}45 : 1{,}5 = 2{,}3$

$$\begin{array}{l} \quad 34{,}5 : 15 = 2{,}3 \\ \underline{-30} \\ \quad\ 4\,5 \\ \ \underline{-4\,5} \\ \qquad 0 \end{array}$$

Ü.: $4 : 2 = 2$

Pr.: $$\begin{array}{r} \underline{1{,}5 \cdot 2{,}3} \\ 3\,0 \\ \underline{4\,5} \\ 3{,}4\,5 \end{array}$$

c) $4{,}8 : 0{,}016 = 300$

$$\begin{array}{l} \quad 4800 : 16 = 300 \\ \underline{-48} \\ \quad\ 00 \\ \ \underline{-\ 0} \\ \qquad 00 \\ \quad \underline{-\ 0} \\ \qquad\ 0 \end{array}$$

Ü.: $4 : 0{,}02 = 400 : 2 = 200$

Pr.: $$\begin{array}{r} \underline{0{,}016 \cdot 300} \\ 4{,}800 \end{array}$$

d) $3{,}816 : 0{,}24 = 15{,}9$

$$\begin{array}{l} \quad 381{,}6 : 24 = 15{,}9 \\ \underline{-24} \\ \quad 141 \\ \underline{-120} \\ \quad\ 21\,6 \\ \ \underline{-21\,6} \\ \qquad\ 0 \end{array}$$

Ü.: $4 : 0{,}2 = 40 : 2 = 20$

Pr.: $$\begin{array}{r} \underline{15{,}9 \cdot 0{,}24} \\ 3\,1\,8 \\ \underline{6\,36} \\ 3{,}8\,16 \end{array}$$

e) $7{,}48 : 3{,}4 = 2{,}2$

$$\begin{array}{l} \quad 74{,}8 : 34 = 2{,}2 \\ \underline{-68} \\ \quad\ 6\,8 \\ \ \underline{-6\,8} \\ \qquad 0 \end{array}$$

Ü.: $6 : 3 = 2$

Pr.: $$\begin{array}{r} \underline{3{,}4 \cdot 2{,}2} \\ 6\,8 \\ \underline{6\,8} \\ 7{,}4\,8 \end{array}$$

f) $7{,}35 : 0{,}12 = 61{,}25$

$$\begin{array}{l} \quad 735 : 12 = 61{,}25 \\ \underline{-72} \\ \quad\ 15 \\ \ \underline{-12} \\ \qquad 30 \\ \quad \underline{-24} \\ \qquad\ 60 \\ \quad\ \underline{-60} \\ \qquad\quad 0 \end{array}$$

Ü.: $7 : 0{,}1 = 70 \cdot 1 = 70$

Pr.: $$\begin{array}{r} \underline{61{,}25 \cdot 0{,}12} \\ 6\,12\,5 \\ \underline{1\,22\,50} \\ 7{,}35\,00 \end{array}$$

g) 2,75 : 0,64 = 4,296875

275 : 64 = 4,296875
– 256
190
– 128
620
– 576
440
– 384
560
– 512
480
– 448
320
– 320
0

Ü.: 3 : 0,6 = 60 : 6 = 5

Pr.: 4,296875 · 0,64
2 5781250
171875 00
2,750000 00

h) 5,18028 : 0,24 = 21,5845

518,028 : 24 = 21,5845
– 48
38
– 24
140
– 120
202
– 192
108
– 96
120
– 120
0

Ü.: 5,1 : 0,3 = 51 : 3 = 17

Pr.: 21,5845 · 0,24
4 31690
8633 80
5,1802 80

91. a) $0,48\overline{571428} \approx 0,49$

b) $29,\overline{45} \approx 29,45$

c) $21,9\overline{3} \approx 21,93$

d) $2,41\overline{2} \approx 2,41$

e) $405,\overline{5} \approx 405,56$

f) $0,85\overline{3} \approx 0,85$

g) $25,2\overline{6} \approx 25,27$

h) $5,036\overline{923076} \approx 5,04$

92. Bei der Division a : b gibt es in der Rechnung maximal (b – 1) verschiedene Reste. In Aufgabe 91 a gibt es z. B. bei der Division durch 7 nur 6 Möglichkeiten für den Rest: 1; 2; 3; 4; 5 und 6. Spätestens jetzt muss die Division abbrechen oder sich die Reihenfolge wiederholen.

93. a) $4{,}6 \cdot (1{,}4 + 0{,}6) = 4{,}6 \cdot 2 = 9{,}2$

b) $0{,}8 \cdot (3{,}3 - 0{,}8) = 0{,}8 \cdot 2{,}5 = 2$

c) $(10 - 0{,}1) \cdot 2{,}1 = 21 - 0{,}21 = 20{,}79$

d) $(0{,}25 \cdot 4) \cdot 0{,}8 = 1 \cdot 0{,}8 = 0{,}8$

e) $(0{,}5 \cdot 0{,}02) \cdot 2{,}8 = 0{,}01 \cdot 2{,}8 = 0{,}028$

f) $24 : 3 = 8$

94.

a	b	c	(a – b) + c	b · c	a : c	a · b + c	a ·(b + c)
3,4	1,7	0,5	2,2	0,9	6,8	6,3	7,5
18,5	12,3	2,6	8,8	32,0	7,1	230,2	275,7
0,75	0,5	1,8	2,1	0,9	0,4	2,2	1,7
4,5	3	8,2	9,7	24,6	0,5	21,7	50,4

95. a) ZÄHLER
b) ZEHNTEL
c) KOMMUTATIVGESETZ
d) ERWEITERN
e) GLEICHNAMIG
f) NENNER
g) DEZIMALBRUCH
h) ASSOZIATIVGESETZ
i) HAUPTNENNER
j) KÜRZEN

96. $0{,}7 \cdot 4{,}2 + 0{,}7 \cdot 3{,}8 = 0{,}7 \cdot (4{,}2 + 3{,}8) = 0{,}7 \cdot 8 = 5{,}6$

$1{,}3 \cdot 2{,}5 + 2{,}7 \cdot 2{,}5 = 2{,}5 \cdot (1{,}3 + 2{,}7) = 2{,}5 \cdot 4 = 10$

$32{,}7 \cdot 1{,}2 - 1{,}2 \cdot 12{,}7 = 1{,}2 \cdot (32{,}7 - 12{,}7) = 1{,}2 \cdot 20 = 24$

$12{,}7 \cdot 10 = 127$

$3{,}75 \cdot 20 = 37{,}5 \cdot 2 = 75$

$50 \cdot 0{,}12 = 5 \cdot 1{,}2 = 6$

$2{,}5 \cdot 9{,}5 - 9{,}5 - 2{,}4 = 9{,}5 \cdot (2{,}5 - 2{,}4) = 9{,}5 \cdot 0{,}1 = 0{,}95$

$1{,}06 \cdot 2{,}5 \cdot 2 = 1{,}06 \cdot 5 = 5{,}3$

$6 \cdot 0{,}04 = 0{,}24$

$0{,}025 \cdot 9 \cdot 40 = 9 \cdot (0{,}25 \cdot 4) = 9 \cdot 1 = 9$

$21{,}25 : 0{,}25 = 2125 : 25 = 85$

$84{,}5 : 6{,}5 = 845 : 65 = 13$

$765 : 2{,}55 = 76500 : 255 = 300$

$1000 \cdot 0{,}003 = 1 \cdot 3 = 3$

$0{,}01 \cdot 650 = 1 \cdot 6{,}5 = 6{,}5$

$1{,}2 \cdot 12{,}4 + 125{,}3 \cdot 0{,}4 = 14{,}88 + 50{,}12 = 65$

$(5{,}12 : 0{,}64) \cdot 0{,}125 = (512 : 64) \cdot 0{,}125 = 8 \cdot 0{,}125 = 1$

$(24 \cdot 2{,}5) \cdot (37{,}5 : 0{,}75) = 60 \cdot (3750 : 75) = 60 \cdot 50 = 3000$

$2{,}5 \cdot 1{,}2 + 0{,}625 \cdot 1{,}6 = 3 + 1 = 4$

$5{,}4 \cdot 3{,}5 - 4{,}06 : 1{,}4 = 18{,}9 - (40{,}6 : 14) = 18{,}9 - 2{,}9 = 16$

Es entsteht das Bild eines Esels.

97. a) $\frac{4}{10} = \frac{2}{5}$ b) $\frac{12}{100} = \frac{3}{25}$

c) $1\frac{25}{100} = 1\frac{1}{4}$ d) $2\frac{104}{1000} = 2\frac{13}{125}$

e) $\frac{3}{100}$ f) $2\frac{4}{100} = 2\frac{1}{25}$

g) $\frac{32}{1000000} = \frac{1}{31250}$ h) $\frac{1055}{100000} = \frac{211}{20000}$

98. a) $\frac{6}{9} = \frac{2}{3}$ b) $\frac{5}{99}$

c) $2\frac{5}{9}$ d) $11\frac{7}{9}$

e) $\frac{60}{99} = \frac{20}{33}$ f) $\frac{45}{99} = \frac{5}{11}$

g) $\frac{4}{90} = \frac{2}{45}$ h) $\frac{4}{99}$

99. a) $0,\overline{1}$ b) $0,\overline{5}$

c) $0,\overline{3}$ d) $0,\overline{6}$

e) $0,\overline{45}$ f) $0,\overline{06}$

g) $2,\overline{8}$ f) $1,8\overline{3}$

100. a) 0,05 b) 0,3

c) 0,25 d) 0,037

e) 1,9 f) 6,34

g) $\frac{8}{25}^{\cdot 4} = \frac{32}{100} = 0,32$ h) $\frac{3}{5}^{\cdot 2} = \frac{6}{10} = 0,6$

i) $\frac{5}{8}^{\cdot 125} = \frac{625}{1000} = 0,625$ j) $\frac{6}{300}^{:3} = \frac{2}{100} = 0,02$

101. a) $2 : 9 = 0,\overline{2}$ b) $4 : 5 = 0,8$

c) $5 : 7 = 0,\overline{714285}$ d) $2 : 3 = 0,\overline{6}$

e) $9 : 4 = 2,25$ f) $17 : 20 = 0,85$

g) $9 : 25 = 0,36$ h) $21 : 11 = 1,\overline{90}$

102. a) $4 = 2 \cdot 2$, also endlich

b) endlich

c) periodisch

d) periodisch } (Nenner sind Primfaktoren)

e) periodisch

f) $25 = 5 \cdot 5$, also endlich

g) $6 = 2 \cdot 3$, also periodisch

h) $15 = 3 \cdot 5$, also periodisch

103. a) $0,\overline{7}$ b) $0,\overline{13}$

c) $0,\overline{08}$ d) $0,\overline{143}$

e) $1\frac{24}{99} = 1,\overline{24}$ f) $2\frac{67}{99} = 2,\overline{67}$

104. a) $0,03 < 0,3 < 0,\overline{30} < 0,32 < 0,\overline{32} < 0,\overline{3}$

b) $\frac{1}{6} = 0,1\overline{6};\ \frac{9}{60} = 0,15;\ \frac{99}{600} = 0,165$

$\frac{9}{60} < 0,16 < 0,\overline{16} < \frac{99}{600} < 0,1\overline{6} = \frac{1}{6}$

105. 1. Kästchen: $0,\overline{5}$ (alle anderen Zahlen stellen 0,5 dar)

2. Kästchen: $\frac{1}{3}$ (alle anderen Zahlen stellen 0,3 dar)

3. Kästchen: $0,\overline{16}$ (alle anderen Zahlen stellen $0,1\overline{6}$ dar)

106. a) $\frac{{}^{1}\cancel{4}\cdot\cancel{9}^{3}}{{}_{1}\cancel{3}\cdot\cancel{4}_{1}} = 3$

b) $\frac{3\cdot{}^{1}\cancel{3}\cdot\cancel{8}^{2}}{2\cdot{}_{1}\cancel{4}\cdot\cancel{9}_{3}} = \frac{{}^{1}\cancel{3}\cdot\cancel{2}^{1}}{{}_{1}\cancel{2}\cdot\cancel{3}_{1}} = 1$

c) $\frac{{}^{3}\cancel{12}\cdot 3}{\cancel{4}_{1}} + 1,8 = 9 + 1,8 = 10,8$

d) $0,25 + 0,375 + 0,5 - 0,2 = 0,925$

e) $\frac{7\cdot\cancel{6}^{3}}{{}_{1}\cancel{2}\cdot 10} + \frac{{}^{14}\cancel{42}\cdot 4}{10\cdot\cancel{3}_{1}} = \frac{21}{10} + \frac{56}{10} = \frac{77}{10} = 7,7$

f) $\frac{5}{6} - \frac{1}{3} + 2\frac{1}{6} - \frac{4}{9} = \frac{15 - 6 + 39 - 8}{18} = \frac{40}{18} = \frac{20}{9} = 2\frac{2}{9}$

107.

a	b	c	(a + b) · c	a · (b – c)	a · b · c	a :(b : c)
$\frac{1}{2}$	$\frac{1}{4}$	$\frac{1}{6}$	$\frac{1}{8}$	$\frac{1}{24}$	$\frac{1}{48}$	$\frac{1}{3}$
0,2	1,7	$\frac{4}{5}$	1,52	0,18	0,27	0,09
$\frac{3}{5}$	0,25	$\frac{1}{9}$	$\frac{17}{180}$	$\frac{1}{12}$	$\frac{1}{60}$	$\frac{4}{15}$
$0,\overline{2}$	$0,\overline{72}$	$0,1\overline{6}$	$\frac{47}{297}$	$\frac{37}{297}$	$\frac{8}{297}$	$\frac{11}{216}$

108. a) $x \cdot \frac{1}{2} = \frac{3}{4} \quad \Big| : \frac{1}{2}$ Pr.: $1\frac{1}{2} \cdot \frac{1}{2} = \frac{3}{4}$ w. A.

$x = 1\frac{1}{2}$ $L = \left\{ 1\frac{1}{2} \right\}$

b) $x \cdot 1{,}4 = 2{,}1 \quad | : 1{,}4$ Pr.: $1{,}5 \cdot 1{,}4 = 2{,}1$ w. A.

$x = 1{,}5$ $L = \{ 1{,}5 \}$

c) $x + \frac{3}{8} = \frac{7}{12} \quad \Big| - \frac{3}{8}$ Pr.: $\frac{5}{24} + \frac{3}{8} = \frac{\cancel{14}^{\,7}}{\cancel{24}_{\,12}} = \frac{7}{12}$ w. A.

$x = \frac{5}{24}$ $L = \left\{ \frac{5}{24} \right\}$

d) $x + 2{,}73 = 3{,}48 \quad | - 2{,}73$ Pr.: $0{,}75 + 2{,}73 = 3{,}48$ w. A.

$x = 0{,}75$ $L = \{ 0{,}75 \}$

e) $x - \frac{1}{5} = \frac{1}{6} \quad \Big| + \frac{1}{5}$ Pr.: $\frac{11}{30} - \frac{1}{5} = \frac{\cancel{5}^{\,1}}{\cancel{30}_{\,6}} = \frac{1}{6}$ w. A.

$x = \frac{11}{30}$ $L = \left\{ \frac{11}{30} \right\}$

f) $x - 3{,}175 = 4{,}8 \quad | + 3{,}175$ Pr.: $7{,}975 - 3{,}175 = 4{,}8$ w. A.

$x = 7{,}975$ $L = \{ 7{,}975 \}$

g) $x : \frac{10}{11} = \frac{11}{12} \quad \Big| \cdot \frac{10}{11}$ Pr.: $\frac{5}{6} : \frac{10}{11} = \frac{{}^{1}\cancel{5} \cdot 11}{6 \cdot \cancel{10}_{2}} = \frac{11}{12}$ w. A.

$x = \frac{5}{6}$ $L = \left\{ \frac{5}{6} \right\}$

h) $x : 7{,}3 = 1{,}4 \quad \big| \cdot 7{,}3$ Pr.: $10{,}22 : 7{,}3 = 1{,}4$ w. A.

$x = 10{,}22$ $L = \{ 10{,}22 \}$

i) $x + \underbrace{\frac{3}{4} - \frac{1}{6}} = \frac{7}{8}$ Pr.: $\frac{7}{24} + \frac{3}{4} - \frac{1}{6} = \frac{\cancel{21}^{7}}{\cancel{24}_{8}} = \frac{7}{8}$ w. A.

$x + \frac{7}{12} = \frac{7}{8} \quad \Big| - \frac{7}{12}$

$x = \frac{7}{24}$ $L = \left\{ \frac{7}{24} \right\}$

j) $x \cdot \underbrace{\frac{3}{5} \cdot \frac{10}{11}} = \frac{1}{11}$ Pr.: $\frac{1}{6} \cdot \frac{3}{5} \cdot \frac{10}{11} = \frac{1 \cdot \cancel{3}^{1} \cdot \cancel{10}^{2}}{{}_{2}\cancel{6} \cdot \cancel{5}_{1} \cdot 11}$

$x \cdot \frac{6}{11} = \frac{1}{11} \quad \Big| : \frac{6}{11}$ $= \frac{{}^{1}\cancel{2}}{{}_{2}\cancel{2} \cdot 11} = \frac{1}{11}$ w.A.

$x = \frac{1}{6}$ $L = \left\{ \frac{1}{6} \right\}$

109. a) $1{,}75 - x = 0{,}83 \quad \big| + x$ Pr.: $1{,}75 - 0{,}92 = 0{,}83$ w.A.

$1{,}75 = 0{,}83 + x \quad \big| - 0{,}83$

$0{,}92 = x$ $L = \{ 0{,}92 \}$

b) $\frac{3}{8} - x = \frac{1}{12} \quad \big| + x$ Pr.: $\frac{3}{8} - \frac{7}{24} = \frac{2}{24} = \frac{1}{12}$ w.A.

$\frac{3}{8} = \frac{1}{12} + x \quad \Big| - \frac{1}{12}$

$\frac{7}{24} = x$ $L = \left\{ \frac{7}{24} \right\}$

c) $2{,}45 : x = 9{,}8 \quad |\cdot x$ $\qquad$ Pr.: $2{,}45 : 0{,}25 = 9{,}8$ w.A.

$2{,}45 = 9{,}8 \cdot x \quad |: 9{,}8$

$0{,}25 = x$ $\qquad$ $L = \{0{,}25\}$

d) $\frac{5}{9} : x = \frac{7}{9} \quad |\cdot x$ $\qquad$ Pr.: $\frac{5}{9} : \frac{5}{7} = \frac{\cancel{5}^{1} \cdot 7}{9 \cdot \cancel{5}_{1}} = \frac{7}{9}$ w.A.

$\frac{5}{9} = \frac{7}{9} \cdot x \quad \Big|: \frac{7}{9}$

$\frac{5}{7} = x$ $\qquad$ $L = \left\{\frac{5}{7}\right\}$

110. a) $x + \frac{9}{10} < 1 \quad \Big| - \frac{9}{10}$

$x < \frac{1}{10}$ $\qquad$ $L = \left\{x \,\middle|\, x < \frac{1}{10}\right\}$

b) $4{,}51 - x < 2{,}63 \quad | + x$

$4{,}51 < 2{,}63 + x \quad | - 2{,}63$

$1{,}88 < x$ $\qquad$ $L = \{x \mid x > 1{,}88\}$

c) $\frac{1}{2} : x > 1\frac{3}{4}$

$\frac{1}{2} > 1\frac{3}{4} \cdot x \quad \Big| : 1\frac{3}{4}$

$\frac{2}{7} > x$ $\qquad$ $L = \left\{x \,\middle|\, x < \frac{2}{7}\right\}$

d) $x + \frac{9}{16} \leq \frac{1}{2} \quad \Big| - \frac{9}{16}$

$x \leq \underbrace{\frac{1}{2} - \frac{9}{16}}$

n. l., da $\frac{9}{16} > \frac{1}{2}$ $\qquad$ $L = \varnothing$

111. a) $4\frac{1}{2}+x=5\frac{1}{6} \quad \left|-4\frac{1}{2}\right.$ Pr.: $4\frac{1}{2}+\frac{2}{3}=4\frac{3}{6}+\frac{4}{6}=5\frac{1}{6}$ w. A.

$x=\frac{2}{3}$ $L=\left\{\frac{2}{3}\right\}$

b) $0{,}85+x=1{,}75 \quad |-0{,}85$ Pr.: $0{,}85+0{,}9=1{,}75$ w. A.

$x=0{,}9$ $L=\{0{,}9\}$

c) $x+\frac{7}{10}-\frac{2}{3}=\frac{7}{15}$ Pr.: $\frac{13}{30}+\frac{7}{10}-\frac{2}{3}=\frac{\cancel{14}^{7}}{\cancel{30}_{15}}=\frac{7}{15}$

$x+\frac{1}{30}=\frac{7}{15} \quad \left|-\frac{1}{30}\right.$

$x=\frac{13}{30}$ $L=\left\{\frac{13}{30}\right\}$

d) $x\cdot 5{,}6=6{,}72 \quad |:5{,}6$ Pr.: $1{,}2\cdot 5{,}6=6{,}72$ w. A.

$x=1{,}2$ $L=\{1{,}2\}$

e) $\frac{7}{8}\cdot x=\frac{9}{4} \quad \left|:\frac{7}{8}\right.$ Pr.: $\frac{7}{8}\cdot 2\frac{4}{7}=\frac{{}^{1}\cancel{7}\cdot\cancel{18}^{9}}{{}_{4}\cancel{8}\cdot\cancel{7}_{1}}=\frac{9}{4}$ w. A.

$x=2\frac{4}{7}$ $L=\left\{2\frac{4}{7}\right\}$

f) $x:\frac{5}{4}<\frac{8}{15} \quad \left|\cdot\frac{5}{4}\right.$

$x<\frac{2}{3}$ $L=\left\{x\,\middle|\,x<\frac{2}{3}\right\}$

g) $4\frac{1}{4}\cdot x=7\frac{1}{4} \quad \left|:4\frac{1}{4}\right.$ Pr.: $4\frac{1}{4}\cdot 1\frac{12}{17}=\frac{{}^{1}\cancel{17}\cdot 29}{4\cdot\cancel{17}_{1}}=7\frac{1}{4}$ w. A.

$x=1\frac{12}{17}$ $L=\left\{1\frac{12}{17}\right\}$

h) $5\cdot x\le 3{,}7+4{,}9$

$5\cdot x\le 8{,}6 \quad |:5$

$x\le 1{,}72$ $L=\{x\mid x\le 1{,}72\}$

112. Addition: Summand + Summand = Summe
Multiplikation: Faktor · Faktor = Produkt
Division: Dividend : Divisor = Quotient

113. a) Es wird etwas addiert.

b) Es wird etwas subtrahiert.

c) Es wird so viel addiert, dass der angegebene Betrag entsteht.

d) Es wird mit 2 multipliziert oder derselbe Wert addiert.

e) Es wird mit 10 multipliziert.

f) Es wird mit einer angegebenen Zahl multipliziert.

g) Es wird durch 2 dividiert oder mit $\frac{1}{2}$ bzw. 0,5 multipliziert.

h) Es wird durch 4 dividiert oder mit $\frac{1}{4}$ bzw. 0,25 multipliziert.

114. Differenz: $3{,}7-\frac{1}{2}=3{,}7-0{,}5=3{,}2$

Summe: $3{,}7+\frac{1}{2}=3{,}7+0{,}5=4{,}2$

Unterschied (Differenz): $4{,}2-3{,}2 = 1{,}0$
Die Differenz ist um 1 kleiner als die Summe. (Einfacher: Die Differenz muss immer um das Doppelte vom Subtrahenden kleiner sein als die Summe.)

115. $0{,}25 \cdot 21{,}4-3{,}8 = 5{,}35-3{,}80 = 1{,}55$

116. $\left(\frac{3}{8}+\frac{1}{6}\right)\cdot\left(\frac{3}{4}-\frac{3}{10}\right)=\frac{13}{24}\cdot\frac{9}{20}=\frac{39}{160}$

117. $x+7{,}8 = 2\cdot 24{,}9$
$x+7{,}8 = 49{,}8 \quad | -7{,}8$
$x = 42$
Zu 42 muss man 7,8 addieren, um das Doppelte von 24,9 zu erhalten.

118. $7{,}3\cdot 0{,}8-1{,}9 = 5{,}84-1{,}9 = 3{,}94$

119. $\frac{1}{2} : \left(\frac{7}{8} \cdot \frac{3}{14}\right) = \frac{1}{2} : \frac{3}{16} = \frac{8}{3} = 2\frac{2}{3}$

120. $1{,}4 \cdot 1{,}4 - \frac{1}{2} \cdot 2{,}6 = 1{,}96 - 1{,}3 = 0{,}66$

121. $4 \cdot x - x = 5{,}4$

$3 \cdot x = 5{,}4 \quad | : 3$

$x = 1{,}8$ und $4 \cdot x = 7{,}2$

also: $7{,}2 - 1{,}8 = 5{,}4$

122. $12 \cdot x = 47{,}4 \quad | : 12$

$x = 47{,}4 : 12$

$x = 3{,}95$

Die Zahl lautet 3,95.

123. Produkt: $3\frac{2}{9} \cdot 1\frac{1}{3} = \frac{29 \cdot 4}{9 \cdot 3} = \frac{116}{27} = 4\frac{8}{27}$

Quotient: $3\frac{2}{9} : 1\frac{1}{3} = \frac{29 \cdot \cancel{3}^{1}}{_{3}\cancel{9} \cdot 4} = \frac{29}{12} = 2\frac{5}{12}$

Unterschied (Differenz): $4\frac{8}{27} - 2\frac{5}{12} = \frac{464 - 261}{108} = \frac{203}{108} = 1\frac{95}{108}$

Das Produkt unterscheidet sich vom Quotienten um $1\frac{95}{108}$.

oder: $\left(3\frac{2}{9} \cdot 1\frac{1}{3}\right) - \left(3\frac{2}{9} : 1\frac{1}{3}\right) = 1\frac{95}{108}$

124. $\frac{1}{2} + \frac{1}{3} = \frac{5}{6}$, also sind $\frac{5}{6}$ der gesuchten Zahl 20:

$\frac{5}{6} \cdot x = 20 \quad \Big| : \frac{5}{6}$

$x = 20 : \frac{5}{6}$

$x = \frac{^{4}\cancel{20} \cdot 6}{1 \cdot \cancel{5}_{1}} = 24$

Die Zahl heißt 24.

125. Gesucht (Ges.): Anzahl der Samenpackungen
Gegeben (Geg.): Rasenfläche: l = 12,4 m; b = 31,7 m
Verbrauch: 1 Packung für 10 m^2

Berechnung der Rasenfläche:
$A = 12{,}4\ m \cdot 31{,}7\ m = 393{,}08\ m^2$
Packungszahl: $393{,}08\ m^2 : 10\ m^2 = 39{,}308$

Es müssen 40 Packungen Rasensamen gekauft werden.

126. Skizze:

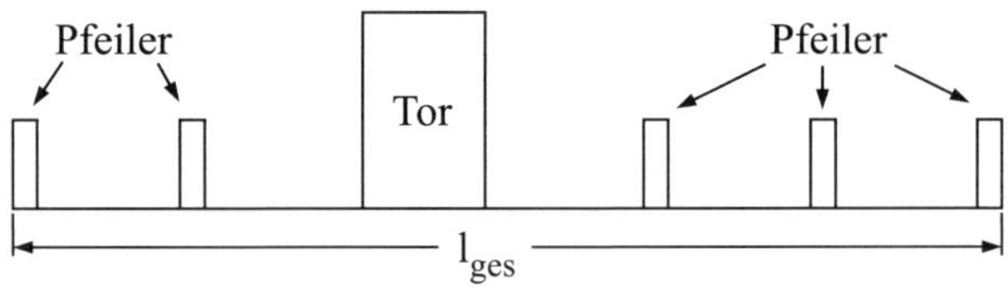

Ges.: Länge des Zauns in m: l_Z
Geg.: Breite des Tors: $b_T = 4{,}25\ m$
Breite eines Pfeilers: $b_{Pf} = 38\ cm = 0{,}38\ m$

Gesamtlänge: $l_{ges} = 45{,}3\ m$
Gleichung: $l_Z = l_{ges} - b_T - 5 \cdot b_{Pf}$
$l_Z = 45{,}3\ m - 4{,}25\ m - 5 \cdot 0{,}38\ m$
$l_Z = 39{,}15\ m$

Es werden ca. 40 m Zaun benötigt.

127. Ges.: Dichte des Körpers und Material
Geg.: Volumen: $V = 6{,}2\ cm^3$
Masse: $m = 14{,}1\ g$

Dichte: $\rho = \frac{m}{V}$

$$\rho = \frac{14{,}1\ g}{6{,}2\ cm^3} \approx 2{,}3 \frac{g}{cm^3}$$

Tabelle: Beton, Porzellan

Der Körper hat eine Dichte von ca. 2,3 $\frac{g}{cm^3}$ und könnte deshalb z. B. aus Beton oder Porzellan bestehen.

128. Skizze:

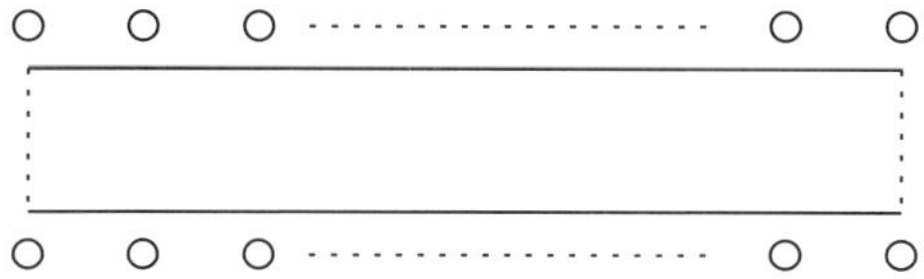

Ges.: Anzahl der Bäume
Geg.: Länge der Straße $l = 425$ m
Abstand der Bäume $a = 12{,}5$ m

Berechnung der Zwischenräume auf einer Straßenseite
$425 \text{ m} : 12{,}5 \text{ m} = 34$
Anzahl der Bäume auf 1 Straßenseite: 35

Es werden insgesamt 70 Bäume benötigt.

129. Skizze:

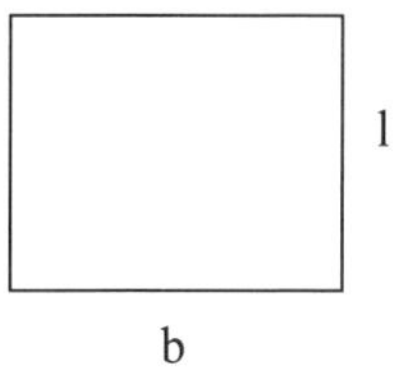

Ges.: Anzahl der Leisten

Geg.: Raummaße: $l = 3\frac{7}{10}$, $b = 4\frac{2}{3}$

1 Leiste: 2 m lang

Umfang des Raumes: $u = 2 \cdot l + 2 \cdot b$

$$u = 2 \cdot 3\frac{7}{10} \text{ m} + 2 \cdot 4\frac{2}{3} \text{ m} = 16\frac{11}{15} \text{ m}$$

Anzahl der Leisten: $16\frac{11}{15} \text{ m} : 2 \text{ m} = 8\frac{11}{30}$

Herr Lehmann muss 9 Leisten kaufen.

130. Ges.: Kosten für die Pflasterung der Straße
Geg.: Straßenmaße: $l = 235$ m; $b = 6{,}3$ m
Kosten für 1 m^2: 15,80 €
Zur Verfügung stehender Gesamtbetrag: 25 000 €

Fläche der Straße: $A = l \cdot b$
$A = 235 \text{ m} \cdot 6{,}3 \text{ m} = 1\,480{,}5 \text{ m}^2$

Kosten: $K = 1480{,}5 \cdot 15{,}80$ € $= 23\,391{,}90$ €

Der Betrag 25 000 € reicht aus.

131. Skizze:

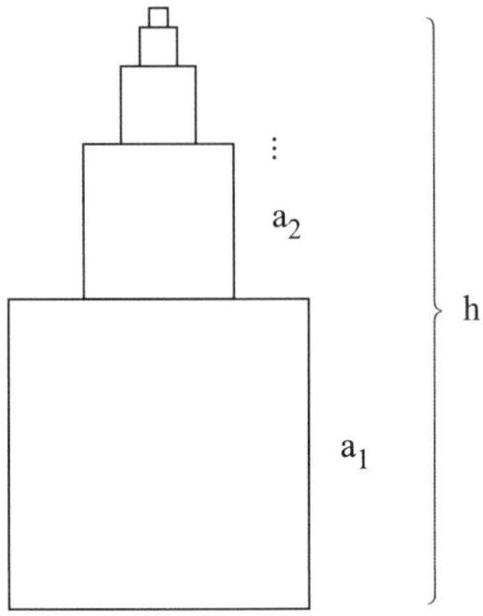

Ges.: Kantenlänge aller Würfel, Höhe des Turms

Geg.: Größter Würfel: $a_1 = 17{,}5$ cm, dann jeweils die Hälfte

Kantenlängen: 2. Würfel: $a_2 = \frac{1}{2} \cdot a_1 = \frac{1}{2} \cdot 17{,}5\text{ cm}$

$a_2 = 8{,}75\text{ cm} \approx 8{,}8\text{ cm}$

3. Würfel: $a_3 = \frac{1}{2} \cdot a_2 = \frac{1}{2} \cdot 8{,}75\text{ cm}$

$a_3 = 4{,}375\text{ cm} \approx 4{,}4\text{ cm}$

4. Würfel: $a_4 = \frac{1}{2} \cdot a_3 = \frac{1}{2} \cdot 4{,}375\text{ cm}$

$a_4 = 2{,}1875\text{ cm} \approx 2{,}2\text{ cm}$

5. Würfel: $a_5 = \frac{1}{2} \cdot a_4 = \frac{1}{2} \cdot 2{,}1875\text{ cm}$

$a_5 = 1{,}09375\text{ cm} \approx 1{,}1\text{ cm}$

Höhe: $h = a_1 + a_2 + a_3 + a_4 + a_5$

$= 17{,}5\text{ cm} + 8{,}8\text{ cm} + 4{,}4\text{ cm} + 2{,}2\text{ cm} + 1{,}1\text{ cm} = 34{,}0\text{ cm}$

Die Würfel haben die Kantenlängen 8,8 cm, 4,4 cm, 2,2 cm und 1,1 cm. Der Turm ist 34,0 cm hoch.

132. Zeichnerische Lösung:
Wird die Kantenlänge halbiert, passen genau 8 Würfel in den großen hinein, d. h. das Volumen ist $\frac{1}{8}$ des Gesamtvolumens.

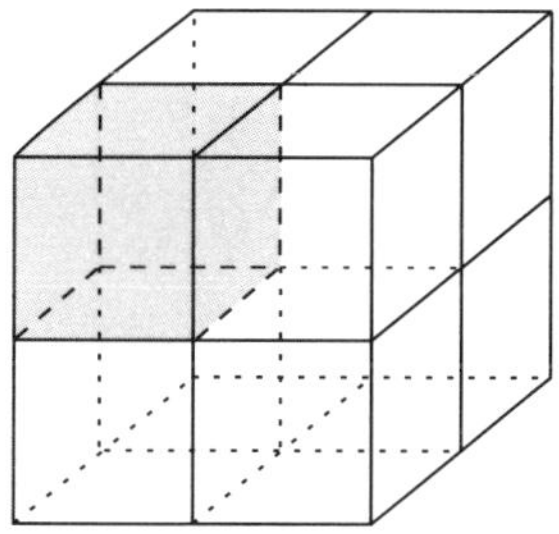

Rechnerische Lösung: $V = a \cdot a \cdot a = a^3$

kleiner Würfel: $V = \left(\frac{1}{2} \cdot a\right) \cdot \left(\frac{1}{2} \cdot a\right) \cdot \left(\frac{1}{2} \cdot a\right)$

$$V = \left(\frac{1}{2} \cdot \frac{1}{2} \cdot \frac{1}{2}\right) \cdot a \cdot a \cdot a$$

$$V = \frac{1}{8} \cdot a^3$$

133. Ges.: günstigere Variante (Preise vergleichen)
Geg.: Einzelfahrschein: 0,80 €
Monatskarte: 26 €

Gibt es keine Ferien oder Feiertage im Monat, sind mindestens 20 Unterrichtstage zu berücksichtigen:

$2 \cdot 20 \cdot 0{,}80\ € = 32\ €$

In solchen Monaten ist eine Monatskarte günstiger.

134. Ges.: Vergleich der Durchschnittsgeschwindigkeiten

Geg.: Herr Weiß: $s = 319\ \text{km},\ t = 2\frac{3}{4}\ \text{h}$

Herr Schwarz: $s = 210\ \text{km},\ t = 1\frac{2}{3}\ \text{h}$

Durchschnittsgeschwindigkeit: $\overline{v} = \frac{s}{t}$

Herr Weiß: $\overline{v}_W = \frac{319\ \text{km}}{2\frac{3}{4}\ \text{h}} = 116\frac{\text{km}}{\text{h}}$

Herr Schwarz: $\overline{v}_S = \frac{210\ \text{km}}{1\frac{2}{3}\ \text{h}} = 126\frac{\text{km}}{\text{h}}$

Herr Schwarz fuhr durchschnittlich schneller.

135. Ges.: Ist die Gesamtmenge ausreichend?
Geg.: 30 Schüler trinken je 0,4 ℓ

Orangensaft: $V_O = 4\frac{2}{3}\,\ell$

Mineralwasser: $V_M = 2\frac{3}{4}\,\ell$

Ananassaft: $V_A = 3\frac{1}{2}\,\ell$

Gesamtmenge: $V_{ges} = V_O + V_M + V_A = 4\frac{2}{3}\,\ell + 2\frac{3}{4}\,\ell + 3\frac{1}{2}\,\ell$

$V_{ges} = 10\frac{11}{12}\,\ell$

Je Schüler: $10\frac{11}{12}\,\ell : 0{,}4\,\ell = 10\frac{11}{12}\,\ell : \frac{2}{5}\,\ell = 27\frac{7}{24}$

Wenn jeder Schüler 0,4 ℓ trinken möchte, reicht die Menge nur für ca. 27 Schüler.

136. Skizze:

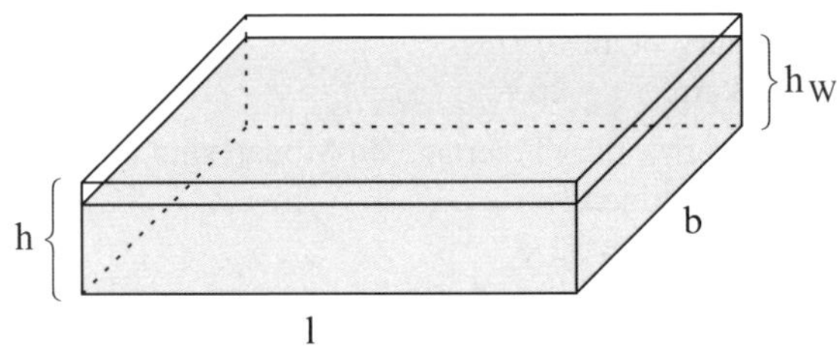

Ges.: a) Fassungsvermögen in Litern (20 cm unter dem Rand)
b) Innenfläche in m^2

Geg.: Becken: $l = 7\frac{1}{2}\,m$, $b = 4\frac{1}{2}\,m$, $h = 1{,}45\,m$
Wasser: l, b; $h_W = 1{,}25$ m

a) Wassermenge: $V_W = l \cdot b \cdot h_W = 7\frac{1}{2}\,m \cdot 4\frac{1}{2}\,m \cdot 1{,}25\,m$

$V_W = 42\frac{3}{16}\,m^3 = 42{,}1875\,m^3$

$1\,m^3 \mathrel{\hat{=}} 1000\,\ell$ Wasser

also: 42,1875 · 1 000 ℓ = 42 187,5 ℓ ≈ 42 188 ℓ

Das Becken fasst ca. 42 188 ℓ Wasser.

b) Innenfläche: $A = 1 \cdot (\ell \cdot b) + 2 \cdot (\ell \cdot h) + 2 \cdot (b \cdot h)$

$$A = 7\frac{1}{2}\text{ m} \cdot 4\frac{1}{2}\text{ m} + 2 \cdot 7\frac{1}{2}\text{ m} \cdot 1{,}45\text{ m} + 2 \cdot 4\frac{1}{2}\text{ m} \cdot 1{,}45\text{ m}$$

$$A = 33\frac{3}{4}\text{ m}^2 + 21\frac{3}{4}\text{ m}^2 + 13\frac{1}{20}\text{ m}^2 = 68\frac{11}{20}\text{ m}^2$$

Es werden ca. 69 m^2 Folie benötigt.

Ihre Meinung ist uns wichtig!

Ihre Anregungen sind uns immer willkommen. Bitte informieren Sie uns mit diesem Schein über Ihre Verbesserungsvorschläge!

Titel-Nr.	Seite	Vorschlag

Bitte hier abtrennen

Die echten Hilfen zum Lernen ... STARK

Zutreffendes bitte ankreuzen!

Die Absenderin/der Absender ist:

- ☐ Lehrer/in in den Klassenstufen: ______
- ☐ Fachbetreuer/in
  Fächer: ______
- ☐ Seminarlehrer/in
  Fächer: ______
- ☐ Regierungsfachberater/in
  Fächer: ______
- ☐ Oberstufenbetreuer/in
- ☐ Schulleiter/in
- ☐ Referendar/in, Termin 2. Staatsexamen: ______
- ☐ Leiter/in Lehrerbibliothek
- ☐ Leiter/in Schülerbibliothek
- ☐ Sekretariat
- ☐ Eltern
- ☐ Schüler/in, Klasse: ______
- ☐ Sonstiges: ______

Unterrichtsfächer: **(Bei Lehrkräften!)**

______

STARK Verlag
Postfach 1852
85318 Freising

17-V1M

Bitte ausfüllen und im frankierten Umschlag an uns einsenden. Für Fensterkuverts geeignet.

Kennen Sie Ihre Kundennummer?
Bitte hier eintragen.

Absender (Bitte in Druckbuchstaben!)

Name/Vorname

Straße/Nr.

PLZ/Ort

Telefon privat **Geburtsjahr**

E-Mail-Adresse

Schule/Schulstempel (Bitte immer angeben!)

Bitte hier abtrennen

(Bitte blättern Sie um)